测绘地理信息科技出版资金资助

数字工业摄影测量技术及应用

Digital Industrial Photogrammetry Technology and Application

冯其强　李广云　李宗春　著

测绘出版社

·北京·

内容简介

本书针对数字工业摄影测量系统的软硬件组成、测量方式和精度要求,总结作者近几年来从事数字工业摄影测量技术研究的经验,构建了数字工业摄影测量系统的理论和技术体系。全书共分6章,第1章总结分析了研究背景及国内外研究现状;第2、3章分别研究了数字工业摄影测量系统的硬件设备及数码相机检校技术;第4、5章分别研究了标志点图像处理和摄影测量数据处理技术;第6章介绍了MetroIn-DPM系统的集成和精度测试,并结合两个天线测量项目介绍了数字工业摄影测量技术在实际工程中的应用情况。

本书的读者对象包括精密工程与工业测量技术人员,近景摄影测量及视觉测量技术人员,大中专院校在校学生,以及相关工程和研究人员。

图书在版编目(CIP)数据

数字工业摄影测量技术及应用/冯其强,李广云,李宗春著. —北京:测绘出版社,2013.5

ISBN 978-7-5030-3009-3

Ⅰ.①数… Ⅱ.①冯… ②李… ③李… Ⅲ.①工程测量—数字摄影测量 Ⅳ.①P231.5

中国版本图书馆CIP数据核字(2013)第089634号

责任编辑 贾晓林　**封面设计** 李　伟　**责任校对** 董玉珍　**责任印制** 喻　迅

出版发行	测绘出版社	**电　　话**	010—83060872(发行部)
地　　址	北京市西城区三里河路50号		010—68531609(门市部)
邮政编码	100045		010—68531160(编辑部)
电子信箱	smp@sinomaps.com	**网　　址**	www.chinasmp.com
印　　刷	三河市世纪兴源印刷有限公司	**经　　销**	新华书店
成品规格	169mm×239mm		
印　　张	9.75	**字　　数**	185千字
版　　次	2013年5月第1版	**印　　次**	2013年5月第1次印刷
印　　数	0001—1500	**定　　价**	28.00元

书　　号 ISBN 978-7-5030-3009-3/P·652
本书如有印装质量问题,请与我社门市部联系调换。

序

近年来，我国摄影测量与遥感技术飞速发展，已是世界三大国之一。在汶川抗震救灾、奥运安保以及最近的芦山抗震救灾等重大活动中，摄影测量与遥感技术均发挥了重要作用。然而，由于种种因素的影响，国内在近景摄影测量这一分支领域的研究水平与国际相比仍有较大差距。特别是在精度和自动化程度要求更高的工业摄影测量方面，基础理论研究与实用系统的开发工作长期以来进展缓慢，难以满足国内精密制造业快速发展的需求。

早在20世纪末，解放军信息工程大学的李广云教授就已意识到将摄影测量技术应用于工业测量领域的广阔前景，并于2004年率先引进国际先进的V-STARS工业摄影测量系统。近十年来，以李广云教授为首的科研教学团队对V-STARS系统进行了“麻雀解剖”式的系统研究，提出了一系列的创新理论，开发了实用的测量系统，极大地深化了对工业摄影测量技术的认识，研究成果已在航天、航空、通信、交通等众多领域得到广泛应用，成功实现了“引进、消化、吸收、再创造”的目标。

该书是作者近几年来研究成果的系统总结。书中系统讲述了数字工业摄影测量的基本原理和方法，深入阐述了实现高精度、自动化工业摄影测量的关键技术，介绍了作者研发的MetroIn-DPM工业摄影测量系统及其应用于工程实践的典型案例。在数码相机检校、人工标志图像识别、定向靶与编码标志设计识别、像片自动概略定向、像点自动匹配及自检校光束法平差快速计算等核心问题上，作者提出了一系列创新性的解决方案，取得了良好的效果。书中部分研究成果已经获得了国家专利保护，在数字工业摄影测量领域拥有了自主的核心技术。该书行文流畅，思路清晰，描述细致，具有很强的指导性和可操作性。

相信该书会为从事工业测量和摄影测量研究的同行提供宝贵的借鉴，祝愿该书早日出版。

李德仁

2013年4月

前言

数字工业摄影测量技术作为工业测量系统的重要组成部分，可以为工业产品制造提供过程指导和质量监控，在现代精密制造工业中发挥着重要作用。在国外众多顶级工业部门，例如从美国国家航空航天局到波音公司，从欧洲空中客车到纽波特纽斯造船厂，从通用动力到大众汽车，随处可见数字工业摄影测量系统的身影。它们以高效、高精度的测量数据，随时为工业产品的质量保驾护航。

遗憾的是，由于国内对该技术的研究起步较晚，能够在工业部门应用推广的高精度数字工业摄影测量系统屈指可数。在各类工业产品不断由“中国制造”转向“中国创造”的同时，其测量服务技术不得不依靠引进。作为精密工业测量技术研究工作者，作者不揣冒昧将近年来的研究成果整理出版，以期抛砖引玉，为数字工业摄影测量技术在国内的推广应用略献薄力。

全书共分 6 章，第 1 章介绍了国外典型的数字工业摄影测量系统，分析了国内研究现状，以明确研究内容和思路。第 2 章讨论了人工标志和测量附件。首先分析回光反射材料的反光特点，并以此为基础，设计一套实用的测量标志及编码标志、定向靶、基准尺等附件。第 3 章研究了数码相机及其检校技术。通过对影响测量精度的相机各参数进行分析，确定量测型相机应具备的性能参数和结构特点，并为非量测型数码单反相机选型提供理论依据；同时研究相机畸变规律，实验不同畸变模型的检校效果，提出一种新的基于有限元模型和 10 参数模型的数码相机组合检校方法。第 4 章研究了标志图像中心坐标提取技术，分析反光标志图像的灰度分布规律，研究标志点图像的准确识别和精确定位算法，提出一种基于边界搜索的像点坐标提取算法；同时，利用仿真图像对影响像点坐标提取精度的各种因素进行深入分析。第 5 章研究了摄影测量数据处理，对测量数据自动化处理的各环节进行研究，提出基于 4 个非共线控制点的单张像片空间后方交会直接解算法及基于定向靶和编码标志的多张像片概略定向算法；提出基于已知点和核面约束的标志点匹配算法和基于逐点法化消元的自检校光束法平差快速计算方法。第 6 章介绍了系统集成与应用情况，对作者开发的 MetroIn-DPM 数字工业摄影测量系统组成、功能模块及精度测试情况进行介绍，并结合天线安装检测、ASKAP 天线面型及馈源姿态检测等工程实践，介绍数字工业摄影测量技术在工程中的应用。

在书稿完成之际，作者特别感谢中国电子科技集团总公司第 54 研究所的金超研究员，本书的部分成果得益于与金超研究员的项目合作。感谢精密工程与工业测量国家测绘地理信息局重点实验室对本书研究提供的基金支持。本书部分研究内容得到国家自然科学基金项目“三维激光扫描仪系统误差建模理论与标定方法研究”(编号:41274014)支持,在此深表感谢。此外,作者还要特别感谢课题组的范百兴、张冠宇、杨振、邓勇、陈新、杨晓晖、王力、李干、卢书等同志,他们都不同程度地参与了项目研究及相关实验,他们的智慧也凝结在本书中。

由于作者水平有限,书中论点难免有偏颇之处,恳请读者不吝赐教。

目　录

Contents

第1章 绪 论

精密工业测量不但要完成工业产品质量检测任务，还要为提高生产效益提供技术支持。近年来，我国的制造业尤其是重大基础装备工业得到飞速发展，作为工业制造中的重要环节，高精度工业测量技术正在发挥着越来越重要的作用。同时，先进的工业制造水平也对工业测量技术提出了许多新的要求，主要表现在：

(1)测量目标的尺寸越来越大。以天线测量为例，国家天文台密云站 50 m 口径测控天线于 2006 年建成，并在“探月工程”一期中发挥了重要作用(王保丰 等，2006b)。上海天文台 65 m 口径射电望远镜天线于 2012 年建成，将在探月二期和三期工程中承担 VLBI 测定轨和定位任务，并执行今后各项深空探测及天文研究任务。500 m 口径球面射电望远镜(FAST 工程)项目已经奠基，预计将于2013 年落成，该天线不仅能强有力地支持我国未来的载人航天、探月和深空探测计划，还能同时扫描上亿个频率，诊断微弱的空间窄带讯号，在国家安全方面具有重要意义(朱文白 等，2002；佚名，2006)。众所周知，天线的性能在很大程度上取决于精密测量的技术和能力，尤其要解决大型乃至巨型天线在安装过程和工作状态下的精密测量问题(李宗春 等，2003b)。

(2)测量的精度要求越来越高。仍以天线测量为例，美国 GSI 公司于 2000 年至 2001 年对口径 305 m 的 Arecibo 望远镜进行了测量，面型精度优于±0.2 mm (EDMUNDSON et al，2001；GOLDSMITH，2001)。国家天文台密云站 50 m 口径天线的设计面型精度优于 1～3 mm，面型检测的精度优于±(0.3～1)mm。上海天文台 65 m 口径射电望远镜主反射面的设计面型精度优于 0.1 mm。可以想象，如此高的精度要求，对任何工业测量技术而言都是一项挑战。

(3)测量目标及现场环境越来越复杂，如大型星载网状天线展开后的面型展开精度测量、高温锻件测量、水轮发电机组安装测量、主动面天线工作状态下面型检测、卫星天线在热真空环境中的变形测量等(卢成静 等，2007；黄桂平 等，2008；原玉磊 等，2009)，单一的测量手段越来越不能满足测量需求。

作为工业测量系统的重要组成部分，数字工业摄影测量技术在现代制造业中发挥着愈加重要的作用。数字工业摄影测量属于近景摄影测量范畴，它利用数码相机对被测目标拍摄像片，通过数字图像处理和摄影测量处理，获取目标的几何形状和运动状态(冯文灏，2001a)。

与其他工业测量系统相比，数字工业摄影测量具有其自身的优点：

(1)瞬间获取被测目标的大量物理信息和几何信息，特别适用于测量点众多的目标。

(2)采用投影点作为测量点时可实现非接触性测量,不伤及测量目标,不干扰被测物自然状态,可在恶劣条件下(如高低温、高低压、有毒、有害环境等)作业。

(3)测量精度高,相对测量精度可达 1/10 万～1/12 万,甚至更高。

(4)适合于被测目标环境不甚稳定乃至剧烈变化的测量。

(5)适合于动态目标的外形和运动状态测量。

数字工业摄影测量系统在国外已有数十年的发展历史,其理论与技术已趋于成熟,众多厂家纷纷推出自己的测量系统。但国内在该技术领域尚处于研究阶段,对如何实现高精度、自动化测量的理论研究尚不深入,其成果难以满足国内飞速发展的工业需求。

本书研究的出发点和目的是,通过对硬件、软件等方面的深入研究,解决高精度数字工业摄影测量的关键技术,构建一款能够满足工业部门检测需求的实用化测量系统,以推动数字工业摄影测量技术在国内工业制造领域的应用和推广。

1.1 数字工业摄影测量技术研究现状

1.1.1 国外研究现状

在国外,从 20 世纪 60 年代开始便有学者对近景摄影测量的相关理论、算法及硬件进行研究,并逐步将其应用到工业测量领域。到 90 年代,随着计算机技术的快速发展和日益普及,工业摄影测量技术逐渐步入数字化时代。到目前为止,已有多家公司推出了自己的数字工业摄影测量系统,比较典型的有美国 GSI 公司的 V-STARS系统、挪威 Metronor 公司的 Metronor 系统、德国 GOM 公司的 TRITOP 系统、德国 Aicon3D 公司的 DPA-Pro 系统等(CLARKE et al,1997;冯文灏,2000;黄桂平,2005;蒋若愚 等,2005;胡小北,2007;张义力 等,2005;杨再华,2008)。

V-STARS 系统目前有 S8、E4X 和 M8 等三种不同配置,以满足不同测量环境、测量精度和测量速度的要求。该系统是目前国际上最为成熟的商业化数字工业摄影测量产品,在飞机、汽车、轮船、天线等工业制造部门均有广泛应用(黄桂平等,2009)。

V-STARS S8 系统为脱机测量系统,采用 INCA3(Intelligent Camera,INCA)量测型相机作为影像传感器(图 1.1),配合回光反射标志进行测量,测量精度可达 $\pm(5\ \mu m+5\ \mu m/m\cdot D)$。INCA3 相机采用带制冷装置的柯达科学级单色 CCD 芯片,能有效抑制成像噪声,CCD 尺寸为 35 mm×23 mm,有效像素为 800 万。

(a) INCA3相机

(b) 脱机测量模式

图 1.1 V-STARS S8 系统

V-STARS E4X 系统是 S8 系统的简化版，采用价格较为低廉的尼康 D2X 相机作为影像传感器(图 1.2)。该相机采用彩色 CMOS 芯片，有效像素为 1 200 万。GSI 公司对该相机主要部件进行了加固，大大提高了相机内参数的稳定性，并对整机进行精确检校，使其测量精度达到±(8 μm+8 μm/m · D)。

图 1.2 尼康 D2X 相机

V-STARS M8 系统是使用两台 INCA3 相机连接笔记本电脑组成固定基线的联机测量系统，使用手持式测量笔或投点器实时测量单点或点云三维坐标(图 1.3)。该系统的典型测量精度为±(10 μm+10 μm/m · D)。

Metronor 系统是光电式坐标测量系统(图 1.4)。该系统采用一台或两台已经预先精确检校好的红外数码相机(经 Metronor 公司专门改造)与红外测量光笔相配合，实现联机实时测量。Metronor 光笔测量系统简单、轻便，可实现长达 30 m 的精确测量，在 10 m 以内的测量精度可达±(0.01～0.1) mm。该系统出色的隐藏点测量和多点同步测量功能，更使得它成为适合车间现场的大尺寸坐标测量机，主要应用于汽车制造业，完成工装夹具测量、生产线安装调试与检测、白车身及零件测量、部件变形检测以及模具检测等测量任务(CLARKE et al,1997;SHIMIZU et al,2002;张亚伟,2007)。

(a) 测量笔　(b) 使用测量笔的联机测量　(c) 使用投点器的联机测量

图 1.3　V-STARS M8 系统

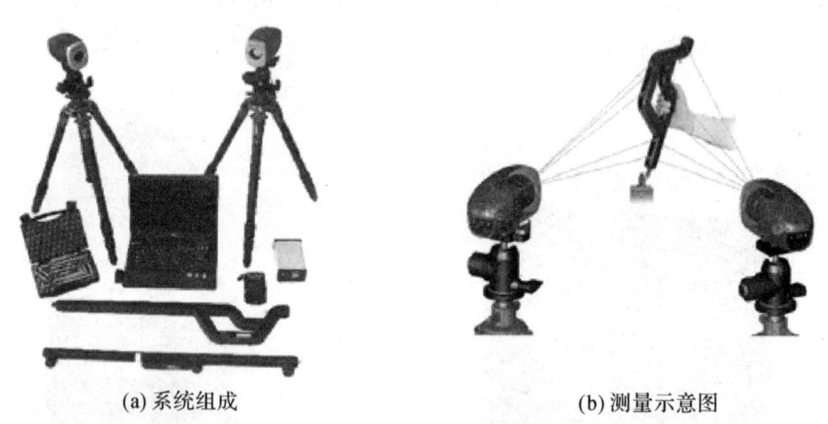

(a) 系统组成　(b) 测量示意图

图 1.4　Metronor 系统

TRITOP 系统(图 1.5)测量方式与 V-STARS 系统相同,也分为单台相机脱机模式和多台相机联机模式。该系统仅使用普通数码单反相机作为影像传感器,测量范围可达 10 m 以上,在 10 m 以内测量误差按照 0.01 mm/m 递增,整个精度范围为±(0.01～0.1) mm(BEHRING et al,2003;HAIG et al,2006)。

DPA-Pro 系统是单相机摄影测量系统(图 1.6)。该系统采用尼康 D2X 相机作为影像传感器,配备 Nikkor 24 mm定焦镜头和环形闪光灯,像片可通过无线网络或存储卡导入笔记本电脑。DPA-Pro 系统的测量精度为±0.015 mm/m(按 VDI 2634 标准测试),三维点坐标可导入 PolyWorks、RapidForm、Metrolog 及 Metrosoft 等软件系统进行后续分析。该系统主要应用于汽车、航空航天部门以及其他大型部件领域的测量(PEIPE et al,2006)。

(a) 系统组成

(b) 测量示意图

图 1.5　TRITOP 系统

(a) 系统组成

(b) 配备环形闪光灯的D2X相机

图 1.6　DPA-Pro 系统

1.1.2　国内研究现状

国内对近景摄影测量的研究始于 20 世纪 70 年代。在其后较长一段时间内，由于工业制造水平的限制，相关工业部门对先进测量技术的依赖程度不高，从而使得摄影测量技术迟迟未能深入到工业测量领域。到 80 年代末、90 年代初，以冯文灏教授为代表的摄影测量工作者开始关注国内高精度工业摄影测量技术的发展，对国外相关理论及工程实践进行研究，并针对近景摄影测量技术如何应用到工业测量领域提出了一系列创新理论(庄俊明，1989；LUHMA et al，1991；吴志忠 等，1992；冯文灏，1994；冯文灏，2000；冯文灏，2001a；冯文灏，2001b；李广云，2003)。近年来，随着国内工业尤其是重大基础装备工业的飞速发展，工业部门对高精度测量技术的需求越来越迫切，国外各家数字工业摄影测量公司纷纷将自己的产品推向中国市场。与此同时，国内许多高校和研究机构也在引进、吸收国外先进测量产品、理念、技术的基础上，在相机检校、测量标志设计以及数据处理等方面进行着日益深入的研究,并逐步推出各自的工业摄影测量系统(程效军 等,2002;郑俊 等,2004;王保丰 等,2007;郸继贵 等,2007;张德海 等,2009;张胜利 等,2009)。但整体而言,目前国内在高精度数字工业摄影测量领域仍处于研究阶段,现有测量系统仍难以替代国外同类产品(叶声华 等,2009)。

Lensphoto 系统是武汉朗视软件有限公司推出的一款多基线数字近景摄影系统(图 1.7)。该系统由普通数码相机拍摄像片组,采用张祖勋院士提出的近景摄影影像匹配技术,自动、快速生成可量测的区域三维数字表面模型,其点位相对精度优于 1/5 000,可广泛应用于水利电力、地质、文物保护、地理信息、城建、交通、房产、规划等全过程。虽然该系统的测量精度相对较低,难以用于高精度工业测量,但其采用的"短基线、多影像前方交会"理论已在国内外众多数字工业摄影测量系统中得到广泛应用(何秀国 等,2007;张胜利 等,2009)。

图 1.7 Lensphoto 系统

西安交通大学在国家 863 项目"大型复杂曲面产品的反求和三维快速检测系统研究"的基础上,推出了基于数码单反相机的 XJTUDP 三维光学点测量系统,以及相应的静态和动态变形分析软件。该系统在 4 m 范围内的测量精度为 ±0.1 mm,可用于汽车工业、航空航天工业、船舶工业、建筑工业等领域(李大成 等,2009;梁晋 等,2009;肖振中 等,2009;张德海 等,2009;张德海 等,2009)。

信息工程大学测绘学院于 2005 年在国内率先引进 V-STARS S8 系统,经过数年的研究及应用,在相关理论和工程实践方面积累了一定的经验,先后完成了"探月工程"50 m 口径测控天线精密安装与校准测量、星载可展开式天线测量、星载天线真空条件下高低温检测、上海天文台 65 m 口径射电望远镜天线精密安装测量等多项高精度工业测量任务(王保丰,2004;黄桂平,2005;范生宏,2006;冯其强,2007;卢成静 等,2007;王保丰,2007;王保丰 等,2007;黄桂平 等,2008)。

1.2 数字工业摄影测量技术发展趋势

数字工业摄影测量技术经过几十年的发展,在理论研究和产品化等方面都取得重大进步。国外成熟测量系统在现有基础上不断推陈出新,国内相关机构也在理论研究不断深入的基础上,逐步迈向实用化、产品化。纵览数字工业摄影测量技术的发展历程和现状,可以预见其今后将呈现如下发展趋势:

(1)相机呈多样化、专业化发展。目前,用于数字工业摄影测量的相机已经有专业量测型相机、数码单反相机、红外相机、工业摄像头等多种类型。GSI 公司生产的INCA3相机是专业量测型相机的典型代表,该相机基于柯达科学级CCD相机改装而成,具有极佳的成像性能和稳定的机械结构,而且配备Intel 266 MHz PentiumⅡCPU型微处理器,能够对摄影参数进行自动设置、对像片进行预处理并提示测量标志的成像信息。数码单反相机以其相对低廉的价格和日益强大的成像性能,正越来越成为数字工业摄影测量的常用传感器。许多学者、厂家也开始尝试对单反相机进行专业化改装,以使其更加适用于摄影测量。不难想象,随着CCD、CMOS等影像传感器技术的不断进步,必将会有更多类型、更加专业化的相机应用于数字工业摄影测量领域(DOLD,1998;Li Xiaopeng,1999;RIEKE-ZAPP et al,2008;KAVZOGLU et al,2008)。

(2)测量精度、自动化程度不断提高。随着工业部件的制造精度、表面复杂程度不断提高,数字工业摄影测量必然要向高精度、超高精度和高度自动化方向发展。测量精度的提高主要依赖于影像传感器性能的日益强大、对畸变差的检校精度逐步提高以及像点定位等算法的不断优化。而测量自动化程度的增强则需要更多的自动化测量附件、稳健的标志识别算法、像片定向算法和像点匹配算法(冯文灏,1994;BROWN,1971;GANCI et al,1998;FRASER,2000)。

(3)对动态测量理论的研究逐步深入和实用化。摄影测量的数据源(图像)是瞬时获取的,这一特点使得数字工业摄影测量技术特别适用于对动态目标的测量,如风洞变形实验、汽车碰撞测试、工件振动变形测量等。目前的很多测量系统,如V-STARS M8、Metronor、Metris K600等都具备动态测量功能,但在测量精度、范围以及采样频率等方面都有待于进一步加强。数字工业摄影测量技术用于动态目标测量需解决的关键问题主要包括:多传感器高速同步、图像快速获取与存储、海量数据快速处理及测量基准确定等(吴一戎 等,2005;杨再华,2008;冯其强 等,2009;汤廷松 等,2009)。

(4)三维数据分析软件日益专用化、精细化。获取被测目标(点)的三维坐标信息是数字工业摄影测量的基本功能,同时,对三维坐标数据进行深入分析也是其重要功能之一。测量点坐标信息在不同领域的用途不尽相同,如逆向工程中利用点云数据进行几何造型,工业制造中利用离散点坐标与CAD设计模型进行比对,而动态测量数据则多用于目标的动态变形分析。应用领域的多样性和复杂性决定了难以集成一套涵盖各种功能的、通用的数据分析系统,而必然是针对不同用户开发各种专用的、精细的数据分析软件(FRASER,1998;李耀东 等,2004;陈基伟,2005;隋桂芝 等,2006;许英勋 等,2006)。

(5)更加注重与其他测量传感器的融合。多传感器融合是测量技术的发展特点,也是数字工业摄影测量技术发展的必然结果。通过不同测量系统融合,能够充分发挥摄影测量自动、快速、精确的优点,极大的提高其他测量系统的性能,如电子经纬仪系统、全站仪系统和激光扫描仪系统等(BERALDIN,2004;景冬 等,2007;

臧克,2007;靳志光 等,2008;张福民 等,2008)。

1.3 本书主要内容

本书围绕高精度数字工业摄影测量系统所涉及的硬件、软件两方面进行研究,主要内容及结构安排如下:

第1章绪论。介绍数字工业摄影测量技术的国内外研究现状,分析该技术的未来发展趋势。

第2章人工标志及测量附件。分析回光反射材料的反光特点,并以此为基础,设计一套实用的测量标志及编码标志、定向靶、基准尺等附件。

第3章数码相机及其检校。通过对影响测量精度的相机各参数的分析,确定量测型相机应具备的性能参数和结构特点,为非量测型数码单反相机选型提供理论依据。同时,研究相机畸变规律,实验不同畸变模型的检校效果,提出一种基于有限元模型和10参数模型的数码相机组合检校方法。

第4章标志图像中心坐标提取。分析反光标志图像的灰度分布规律,研究标志点图像的准确识别和精确定位算法,提出一种基于边界搜索的像点坐标提取算法。同时,利用仿真图像对影响像点坐标提取精度的各种因素进行深入分析。

第5章摄影测量数据处理。对测量数据自动化处理的各环节进行研究,提出基于4个非共线控制点的单张像片空间后方交会直接解算法及基于定向靶和编码标志的多张像片概略定向算法,提出基于已知点和核面约束的标志点匹配算法,提出基于逐点法化消元的自检校光束法平差快速计算方法。

第6章系统集成与应用。介绍基于本书研究内容集成开发的MetroIn-DPM数字工业摄影测量系统组成及软件主要功能模块;研究系统精度的分析与测试方法;结合天线安装检测、ASKAP天线面型及馈源姿态检测等工程实践,介绍数字工业摄影测量技术在工程中的应用。

第 2 章　人工标志及测量附件

摄影测量一般要求被测目标表面具有丰富、明显的纹理信息，以在图像处理中提取出足够的、准确的特征点，而工业部件表面通常缺乏纹理，不能满足这一要求。因此，在数字工业摄影测量中，多采用布设人工标志点的方式产生足够数量且对比明显的特征点。常用的人工标志点主要有发光二极管、投影激光、回光反射标志、彩色标志等(CLARKE，1994；冯文灏 等，2000；范生宏，2006)。另一方面，工业摄影测量系统还包含一些特殊的测量附件，如确定初始测量坐标系的定向装置、用于像片自动概略定向的编码标志以及确定坐标系长度基准的基准尺等。本章主要研究回光反射材料(标志)的结构及性质、编码标志及定向靶的设计方案和识别算法以及基准尺等内容。

2.1　回光反射标志

回光反射标志是数字工业摄影测量系统常用的人工测量标志，V-STARS、DPA-Pro 等系统均采用此种标志。回光反射标志由回光反射材料加工而成，能将入射光线按原路反射回光源处，在近轴光源照射下能在像片上形成灰度反差明显的“准二值”图像，特别适合用作摄影测量中的高精度特征点。

2.1.1　回光反射材料的结构

回光反射材料又称为回归反射材料、逆反射材料，发明于 20 世纪二三十年代，主要用于制作道路标识、警示性反光服饰等。回光反射材料主要由基材和反光元件组成，按基材不同可分为反光膜、反光布等多种类型，按反光元件不同可分为玻璃微珠型和微棱镜型两种(董会君 等，2004；葛玥，2005；周雪晖，2006)。

玻璃微珠型回光反射材料以玻璃微珠为反光元件，见图 2.1(a)，利用背面镀有反射层的玻璃微珠构成微透镜，从而达到逆反射效果。由于玻璃与空气的折射率不同，入射光线经玻璃微珠折射、聚焦后，焦点落在玻璃微珠背面的反射层上，再经反射、折射后沿入射方向反射出来，如图 2.1(b)所示(葛玥，2005)。

玻璃微珠的折射率、半径及光汇聚后形成的焦点位置(焦距)之间满足如下关系，即

$$f=\frac{r(2-n_d)}{2(n_d-1)}+r \tag{2.1}$$

式中，f 为汇聚光焦距，即玻璃微珠球心到焦点的距离；r 为玻璃微珠半径；n_d 为玻璃微珠的折射率。为了达到较高的反射率，玻璃微珠折射率一般选择 1.9～2.2，半径选择 22～24 μm(周雪晖，2006)。

(a) 玻璃微珠

(b) 玻璃微珠反光原理

图 2.1 玻璃微珠及其反光原理

由于玻璃微珠的形状不可能十分规则，且不同波长的光线存在折射角度偏差，反射光与入射光不会完全平行。

微棱镜型回光反射材料以微棱镜(立方角体)为反光元件，见图 2.2(a)，光线由微棱镜的三个面折射之后朝光源方向返回。每一个微棱镜相当于立方体的一个角，入射光线经过微棱镜的全反射，向光源方向反射，如图 2.2(b)所示(葛玥，2005)。

(a) 微棱镜结构

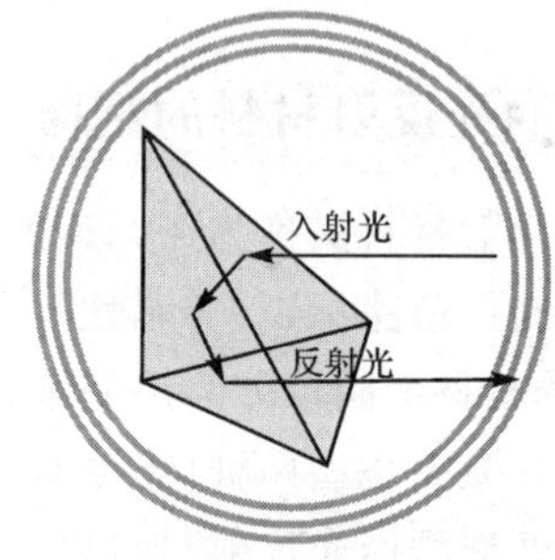

(b) 微棱镜反光原理

图 2.2 微棱镜及其反光原理

微棱镜型回光反射材料中的微棱镜排列具有方向性，不同位置、相同入射角光线的反射强度不尽相同；而玻璃微珠由于其球形的高度对称性，对不同位置、相同入射角光线的反射强度基本一致。另外，考虑测量标志的厚度及加工工艺的影响，在数字工业摄影测量中多采用玻璃微珠型反光膜制作测量标志，如图 2.3 所示。

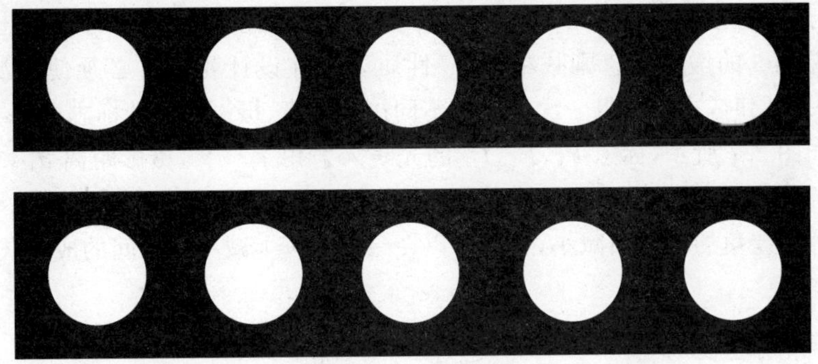

图 2.3　利用玻璃微珠型反光膜制作的回光反射标志

2.1.2　回光反射材料的性质

回光反射材料对入射光的反射能力取决于两个角度，即光线入射角 γ 和光源偏差角(观测角)β。如图 2.4 所示，光线入射角指入射光线与回光反射标志平面法线之间的夹角，光源偏差角指入射光线与反射光线之间的夹角(冯文灏，1993；冯文灏 等，2000)。布朗(Brown)曾对美国 3M 公司的 Scotehlite 7610 型回光反射膜进行了反光性能测试，将其与纯白色漫反射材料的反光强度进行比较(二者的比值记为 η)，从中可总结出回光反射材料的主要性质(冯文灏，1993)。

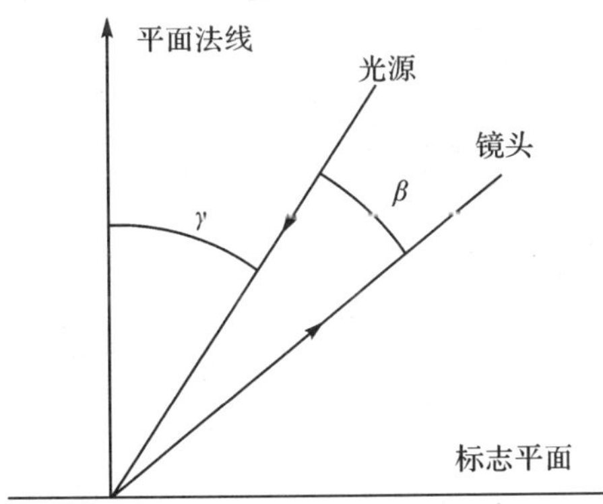

图 2.4　光线入射角和光线偏差角

(1)光源偏差角固定为 $\beta=20'$，η 值随光线入射角 γ 的变化规律如图 2.5 所示。从该图可以看出，当光线入射角 $\gamma\leqslant60^\circ$ 时，回光反射材料的反光强度是漫反射材料的 300 倍以上；而当 $\gamma\leqslant45^\circ$ 时则超过 900 倍。这一特点不但可以保证单个回光反射标志在近似垂直摄影时能得到高亮度影像，而且可以使大范围内的众多标志在一次成像中都有足够亮度。

(2)η 值随光源偏差角 β 的变化规律如图 2.6 所示。从图中可以看出，η 值随光源偏差角 β 的增大而急剧减小，这一性质要求在设计相机时必须使光源的位置紧靠镜头。同时，这也使得一次摄影中不同摄影角度、摄影距离的标志成像亮度趋于一致。如图 2.7 所示，标志 P_1、P_2、P_3 的光线入射角 $\gamma_1<\gamma_3$，摄影距离 $d_1<d_2$，若不考虑光源偏差角的影响应有 $\eta_1>\eta_2$，$\eta_1>\eta_3$。而光源偏差角 $\beta_1>\beta_2$，$\beta_1>\beta_3$，由于 η 值随光源偏差角的增大而减小，从而可以在一定程度上减小标志间的成像灰度差异。

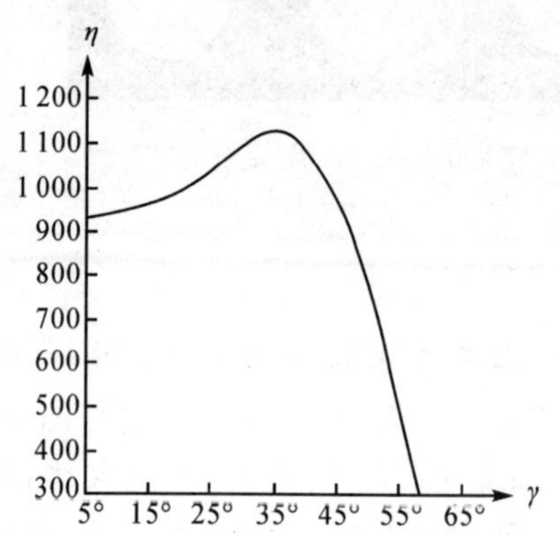

图 2.5 反光强度比值与光源入射角的关系

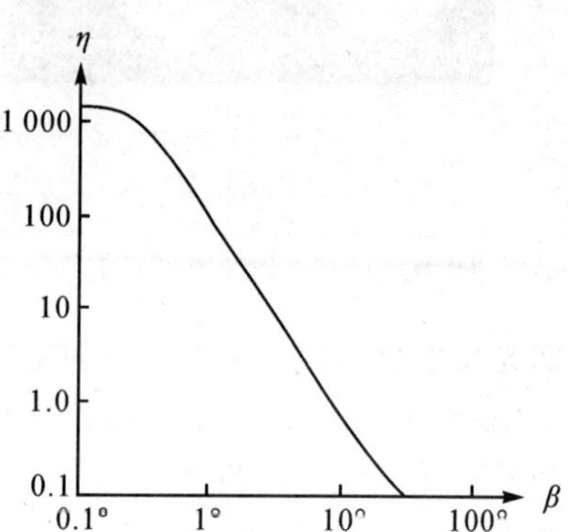

图 2.6 反光强度比值与光源偏差角的关系

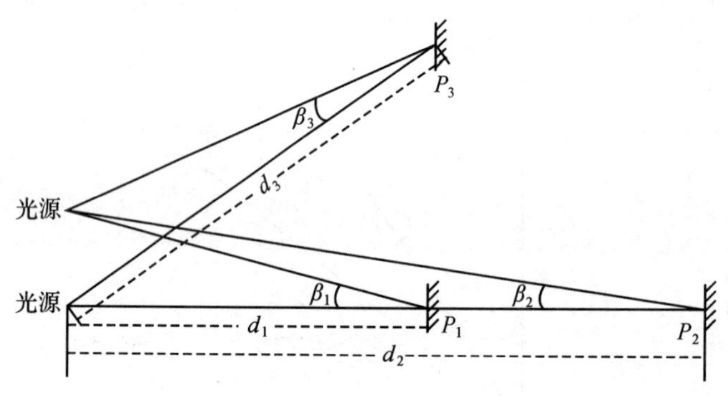

图 2.7 不同位置处回光反射标志的光线入射角

2.1.3 回光反射材料的等级

回光反射材料的反光性能通常采用其逆反射系数 R' 衡量。逆反射系数指在观察方向上，材料的反光强度 I 与垂直入射光照度 E 和该反射面面积 A 乘积之比，即

$$R'=\frac{I}{EA} \tag{2.2}$$

式中,逆反射系数的单位为 cd/(lx·m^2)。

根据性能不同,反光膜一般分为四个等级(表2.1):一级为钻石级,逆反射系数最高,耐候性最强;二级为高强级,逆反射系数和耐候性次之;三级、四级为工程级,逆反射系数和耐候性较低(侯韶东,2005;苏文英,2006)。

表2.1　反光膜分级

等级	一级	二级	三级	四级
光源偏差角/(°)	0.2	0.2	0.2	0.2
光线入射角/(°)	−4 15 30	−4 15 30	−4 15 30	−4 15 30
最小逆反射系数/(cd/(lx·m^2))	600 450 180	400 250 100	250 200 120	70 55 15

根据作者的经验,用于制作高精度数字工业摄影测量标志的反光膜,其逆反射系数应在 300 cd/(lx·m^2)以上(一级反光膜)。

2.2　编码标志设计与识别

自动化程度是衡量数字工业摄影测量系统性能的重要指标之一。采用回光反射标志作为人工测量标志,可实现摄影测量中的特征点自动提取,但仅依靠回光反射标志仍无法解决像片自动概略定向和同名像点自动匹配问题。

编码标志是一种特殊的人工测量标志,每个编码标志都对应一个唯一的编码(识别码),能够利用数字图像处理技术进行自动识别。编码标志的作用主要有两方面:与定向靶配合使用以完成多张像片的自动概略定向,作为控制点辅助实现同名像点自动匹配。

2.2.1　编码标志设计原则

一般而言,设计编码标志应遵循以下几项基本原则(郝继贵 等,2005;范生宏,2006):

(1)具有足够的编码容量。编码容量是指一套编码标志能够包含的唯一编码的个数。根据被测目标的形状、尺寸不同,所要求的编码标志容量可以从几十到几千不等。

(2)尺寸不宜过大。如果编码标志尺寸过大,一方面,在布设时容易产生变形从而影响其自动识别;另一方面,会因其成像太大而降低识别速度和;再者,对于小尺寸被测目标而言,会对其他标志点产生遮挡。

(3)有唯一定位点。编码标志通常由一组标志点或图案组成。因此,每个编码标志都应有一个唯一的定位点,用以描述该编码标志的坐标。

(4)易于自动、准确识别。使用编码标志的目的是实现测量自动化,因此,编码标志本身应具有良好的识别性,能够在众多标志点中快速、准确地被识别出来。

2.2.2 编码标志种类

在数字工业摄影测量中,常用的编码标志类型主要有同心圆环型、点分布型和彩色型等(GANCI et al,1998;HATTORI et al,2002;崔晓斐 等,2004;张浩翼,2004;马扬飚 等,2006a;马扬飚 等,2006b;王超银,2007;王曼 等,2007;魏祥泉 等,2007;周玲 等,2007;陈玉萍 等,2009;周波 等,2009)。由于本书研究的摄影测量系统基于灰度图像,无法使用彩色型编码标志,故在此仅针对前两种进行分析。

1. 同心圆环型编码标志

同心圆环型编码标志主要由两部分组成:位于中心的定位标志点和与之同心的圆环形编码带,如图 2.8 所示(范生宏,2006)。

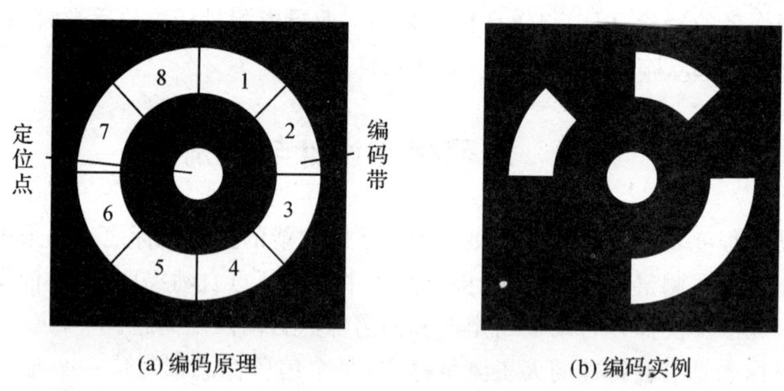

(a) 编码原理　　(b) 编码实例

图 2.8　同心圆环型编码标志

同心圆环型编码标志通常采用二进制编码原理。将编码带等分为 n 部分(称为 n 位编码),每一等份代表一个二进制位,黑色为 0,白色为 1,按顺时针(或逆时针)方向组成一个二进制数值。由于圆环没有起始位和终止位,每一个圆环编码最多可能有 n 个不同的数值,为保证编码的唯一性,可取其中最小的一个二进制数值对应的十进制数,作为该编码标志的编码值。如图 2.8(b)所示,该编码标志为 8 位编码,按顺时针顺序可组成的二进制数分别为:10110010、01100101、11001010、10010101、00101011、01010110、10101100、01011001。取其中最小的一个数值 00101011,对应十进制数值为 43,即该编码标志的编码值为 43。

由于圆形标志一般成像为椭圆,在识别同心圆环型编码标志时,首先要对中心标志点图像进行椭圆拟合，以确定椭圆参数；然后，通过仿射变换将编码标志图像纠正为近似正射影像；最后，通过搜索编码带上的各编码位数值（0或1）确定其编码值。

同心圆环型编码标志具有原理简单、易于识别等优点，但受尺寸限制，其编码位数不宜过大，因而编码容量通常较小。为扩展编码容量，可在1个环形编码带的基础上再增加1个（或多个）环形编码带，构成双环（多环）同心圆环型编码标志（周晓刚 等，2002；董明利 等，2006）。

2. 点分布型编码标志

点分布型编码标志由一组圆形标志点按照一定规则排列而成，图2.9所示是几种常见的点分布型编码标志。其中，图2.9(a)的编码原理与同心圆环型编码标志相同，也采用二进制编码。此处以图2.9(b)所示编码标志为例，分析点分布型编码标志的编码原理（HATTORI et al，2002）。

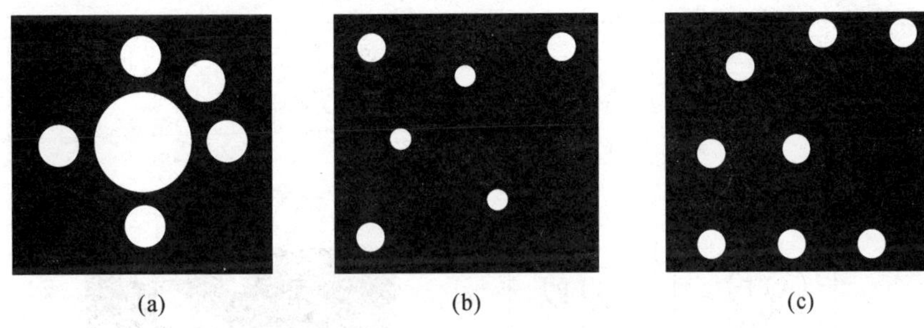

图2.9　几种常见的点状编码标志

如图2.10(a)所示，该类编码标志主要由O、A、B三个模板点和21个不同位置的编码点组成，其中O点为定位点。模板点用以确定该编码标志所在的二维平面坐标系。每个编码标志有3个编码点，按照互不相邻原则在21个编码位置中任选3个，共可产生420个不同的编码值（编码容量）（HATTORI et al，2002）。

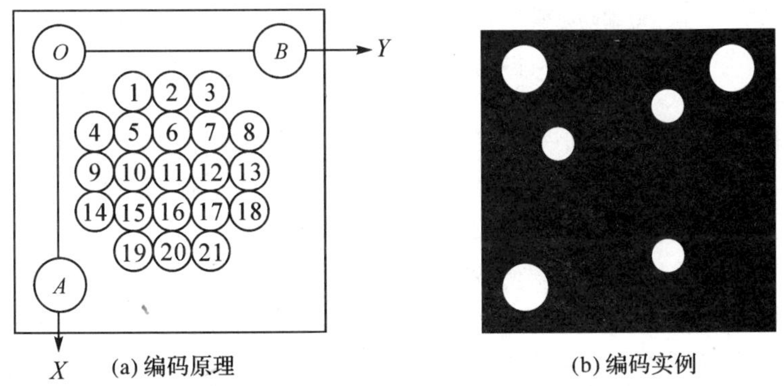

图2.10　点分布型编码标志

与同心圆环型编码标志相比,点分布型编码标志的识别过程较为复杂。第一步,选取合适的灰度阈值,将图像进行二值化;第二步,利用形态学中的腐蚀、膨胀等运算提取各标志点;第三步,通过计算各点到所有点重心的距离寻找模板点 O、A、B;第四步,利用仿射变换,将各标志点坐标转换到设计坐标系中,确定编码点对应的编码位置及该编码标志的编码值。

不难看出,点分布型编码标志在设计和识别上都要比同心圆环型编码标志复杂:有固定的设计坐标系,采用绝对位置编码,仅依靠各标志点间的位置关系进行识别等。而其复杂性恰恰保证了识别时具有很高的稳定性,同时,由于编码位置较多且采用绝对位置编码,点分布型编码标志的编码容量远高于同心圆环型编码标志。

2.2.3 一种新的点分布型编码标志设计方案

本书依据数字工业摄影测量系统脱机测量方式特点以及编码标志设计原则,设计了一种实用的点分布型编码标志,如图 2.11 所示。

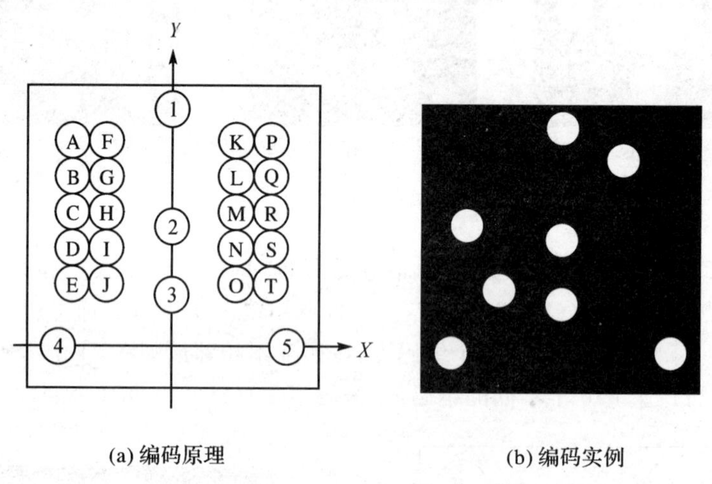

(a) 编码原理　　(b) 编码实例

图 2.11　点分布型编码标志设计原理

该编码标志由 8 个大小相同的圆形标志点组成,各标志点均采用回光反射材料制作。其中,点 1～点 5 为模板点,定义编码标志的坐标系。点 3 为定位点,另外 3 个点为编码点,分布在 20 个设计位置上,分别对应 A～T 不同的字母。

该编码标志采用字符串编码,将 3 个编码点对应字母按顺序排列所得字符串即可作为该编码标志的编码值(名称),如图 2.11(b)所示编码标志编码值即为 CODE_CJK。也可将所有可能的编码字符串按指定顺序排列,形成一个索引表,以其序号作为每个编码标志的编码值,如表 2.2 所示。

表 2.2　编码字符串索引表实例

序号	字符串	序号	字符串
1	ACE	5	ACK
2	ACG	6	ACL
3	ACI	⋮	⋮
4	ACJ		

为便于识别，3 个编码点需满足互不相邻原则。按此设计，采用穷举组合方式得出该编码标志的编码容量为 496，能够满足数字工业摄影测量的需求。若需进一步扩展编码标志容量，可适当增加编码点设计位置或编码点个数，如将编码点由 3 个增加至 4 个。

2.2.4　点分布型编码标志识别算法

点分布型编码标志识别涉及两个概念：仿射变换和交比（马颂德 等，1998；范生宏，2006；朱德祥 等，2007；雷琳 等，2008；卢成静 等，2008a），在介绍编码标志识别算法之前需予以简单说明。

1. 仿射变换

仿射变换是两个平面坐标系之间的一种转换关系，其定义可通过平面仿射几何基本定理给出。

平面仿射几何基本定理：设 P_1、P_2、P_3 是平面内不共线的任意三点；P'_1、P'_2、P'_3 也是不共线的任意三点，那么存在一个也只存在一个仿射变换 T，使 $T(P_i)=P_i(i=1,2,3)$。换言之，三对对应点（原像不共线，映像也不共线）决定唯一仿射变换。

仿射变换可表示为

$$\begin{pmatrix} x' \\ y' \end{pmatrix} = \begin{pmatrix} a_{11} & a_{12} \\ a_{21} & a_{22} \end{pmatrix} \begin{pmatrix} x \\ y \end{pmatrix} + \begin{pmatrix} b_1 \\ b_2 \end{pmatrix} \tag{2.3}$$

式中，$\begin{pmatrix} x \\ y \end{pmatrix}$、$\begin{pmatrix} x' \\ y' \end{pmatrix}$ 分别为仿射变换前、后的平面点坐标；$\begin{pmatrix} a_{11} & a_{12} \\ a_{21} & a_{22} \end{pmatrix}$ 为仿射变换矩阵，使坐标系产生旋转、缩放和扭曲；$\begin{pmatrix} b_1 \\ b_2 \end{pmatrix}$ 为平移参数，使坐标系产生平移。a_{11}、a_{12}、a_{21}、a_{22}、b_1、b_2 等 6 个参数称为仿射变换参数，唯一确定一个仿射变换。

标志点成像过程是中心投影，当各标志点间的距离远小于摄影距离时，中心投影可近似为仿射变换（HATTORI et al，2002）。

2. 交比

交比是射影几何中的一个重要概念和工具。设 A、B、C、D 为共线的 4 个点，则这 4 个点按此顺序的交比（$\boldsymbol{L}_{AB}$，$\boldsymbol{L}_{CD}$）定义为

$$(\boldsymbol{L}_{AB},\boldsymbol{L}_{CD})=\frac{\boldsymbol{L}_{AC}\cdot\boldsymbol{L}_{BD}}{\boldsymbol{L}_{AD}\cdot\boldsymbol{L}_{BC}} \tag{2.4}$$

式中，L_{AC}、L_{BD}、L_{AD}、L_{BC} 均为有向线段，而非距离。

交比是仿射变换不变量，即 4 个共线点在仿射变换前后的交比相等。设 A、B、C、D 经仿射变换后依次为 A'、B'、C'、D'，则有

$$(\boldsymbol{L}_{AB},\boldsymbol{L}_{CD})=(\boldsymbol{L}_{A'B'},L_{C'D'}) \tag{2.5}$$

3. 识别过程

点分布型编码标志包含的 8 个标志点与其他测量标志点相同。因此，首先要在众多测量标志点中找出编码标志包含的标志点，然后通过仿射变换将产生投影变形的标志点坐标恢复到设计坐标系中，最后通过编码点与设计位置的比对确定编码标志的编码值。图 2.11(a)所示各模板点编号，具体识别过程如下：

(1) 确定初始点集合。给定距离因子 k，对所有标志点(设其半径为 r)逐一搜索其周围 $k\cdot r$ 范围内的所有标志点。若找到 7 个或 7 个以上标志点，则该标志点连同找到的标志点记为集合 G，并继续步骤(2)；否则继续下一标志点。

(2) 寻找点 3、点 1 和点 2。在标志点集合 G 中，将一个标志点设为点 3，搜索与之共线且位于同侧的 2 个点。若找到，则将其按距离远近各标记为点 1 和点 2；否则，将下一个标志点设为点 3。若在 G 中找不到点 1 和点 2，则返回步骤(1)；若找到，则继续步骤(3)。

(3) 寻找点 4、点 5。在 G 剩余点中，任选两点作为点 4 和点 5，判断其是否分别位于点 1、点 3 连线的两侧(右侧为点 4，左侧为点 5)。若位于同一侧，则重新选择点 4 和点 5 并重复该步骤；否则，继续判断点 4、点 5 连线与点 1、点 3 连线的交点(记为点 6)和点 1 是否位于点 3 的两侧。若位于同一侧，则重新选择点 4 和点 5 并重复该步骤；否则，计算点 1、点 2、点 3、点 6 的交比，判断其是否与设计值一致，若不一致则重新选择点 4 和点 5 并重复该步骤。若在 G 所有剩余点中均找不到点 4、点 5，则返回步骤(2)；若对 G 中所有点均完成步骤(2)～(3)后仍找不到点 4、点 5，则返回步骤(1)。

(4)仿射变换。利用点 1～点 5 计算图像坐标系到设计坐标系的仿射变换参数，并将 G 中剩余点的图像坐标转换到设计坐标系中。

(5)确定编码值。将 G 中剩余点仿射变换后的坐标与各编码点设计坐标比对，最终确定该编码标志的编码值。

(6)重复步骤(1)～(5)，直至所有编码标志均识别完毕。

识别过程流程图如图 2.12 所示。

图 2.13 为部分点分布型编码标志识别结果，图中所有编码标志均实现了正确识别，从而验证了编码标志设计方案的合理性和识别算法的有效性。

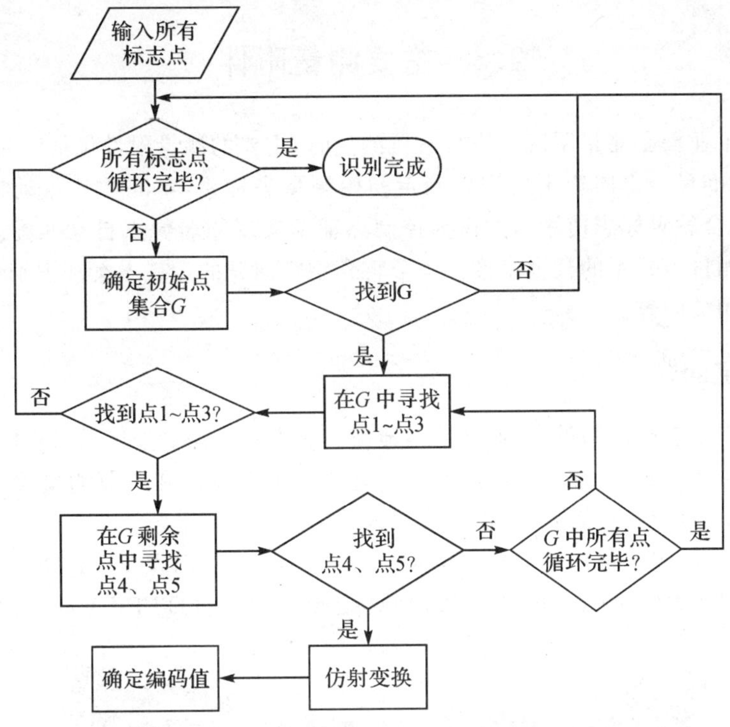

图 2.12 点分布型编码标志识别流程图

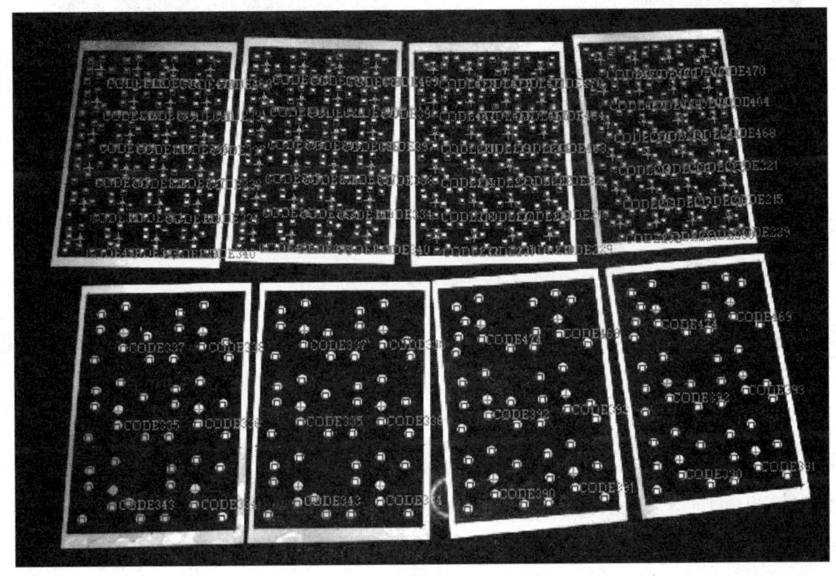

图 2.13 点分布型编码标志识别实例

2.3 主要测量附件

数字工业摄影测量系统在进行脱机测量时，主要的测量附件包括定向装置（定向靶）和基准尺。定向靶主要用以确定初始测量坐标系，实现像片自动概略定向（必要时配合编码标志使用），并作为控制点辅助实现同名像点自动匹配。基准尺用以确定测量坐标系的长度基准。本节将介绍定向靶的设计方案和识别算法以及基准尺的相关内容。

2.3.1 定向靶

在传统航空摄影测量中，通常采用地面控制点确定测量坐标系，通过相对定向和绝对定向获取各像片的外方位元素（王之卓，2007）。而在工业测量现场一般难以提供合适的控制点，因此，脱机方式的数字工业摄影测量系统多采用辅助定向装置替代控制点，实现像片自动概略定向。图 2.14 所示分别为 V-STARS 系统和澳大利亚墨尔本大学 Australis 系统采用的自动定向装置（OTEPKA et al，2002）。

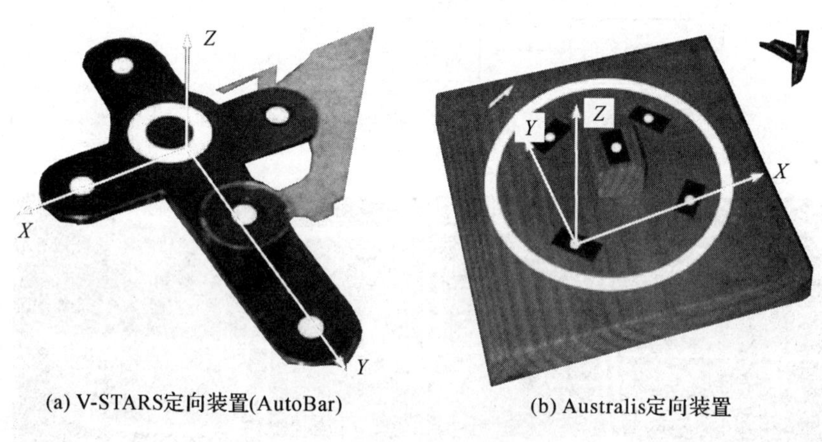

(a) V-STARS定向装置(AutoBar)　　(b) Australis定向装置

图 2.14 两种自动定向装置

本书参考 V-STARS 系统的定向靶 AutoBar，设计制作了一种新的定向靶，并研究了其自动识别算法。

1. 定向靶设计方案

该定向靶主体采用碳纤维材料制成，标志均为回光反射标志，主要包括中心的环形标志点和周围 5 个圆形标志点，如图 2.15 所示。其中，点 1、2、4、5、6 共面，点 1、5、6 共线。定向靶上各点确定一个物方空间坐标系，X 轴为点 4、点 2 连线方向，Y 轴为点 6、点 1 连线方向，Z 轴按右手法则确定。各标志点在该坐标系中的坐标如表 2.3 所示。

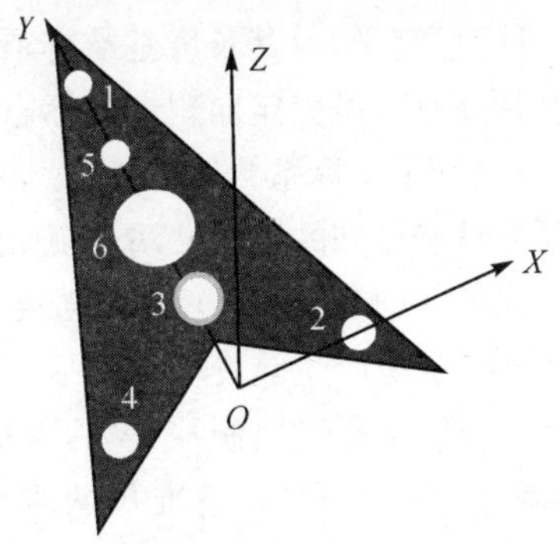

图 2.15　定向靶及坐标系定义示意图

表 2.3　定向靶点设计坐标

点序号	X/mm	Y/mm	Z/mm
1	0.000	210.000	0.000
2	68.000	0.000	0.000
3	0.000	51.000	10.000
4	−68.000	0.000	0.000
5	0.000	157.000	0.000
6	0.000	104.000	0.000

2. 定向靶识别算法

由于环形标志图像明显区别于圆形测量标志，因此定向靶的识别算法较为简单，主要识别过程如下：

(1)确定初始点集合。给定距离因子阈值，依据环形标志点(点 6)半径及该阈值搜索其周围的圆形测量标志，其集合记为 G。

(2)寻找点 1、点 5。在 G 中搜索与点 6 共线且位于其同一侧的标志点，按距离远近分别设为点 1、点 5。

(3)寻找点 2、点 4。在 G 中剩余标志点中搜索分别位于点 1、点 6 连线两侧的两个标志点，分别设为点 2、点 4。计算点 1、点 6 连线与点 2、点 4 连线的交点，记为点 7。判断点 1、点 5、点 6、点 7 的交比是否与设计值一致，据此判断点 1、点 2、点 4、点 5 是否正确。

(4)寻找点 3。给定距离阈值，在 G 中剩余标志点中搜索到点 6、点 7 连线距离小于该阈值且位于此两点中间的标志点，记为点 3。若找到，则识别成功；否则，重复步骤(2)～(4)。

2.3.2　基准尺

工业测量一般只在局部测量坐标系中进行，不需要归算到大地坐标系，因而测量坐标系的坐标原点和轴向可任意定义，但其长度基准必须准确。而如前所述，在数字工业摄影测量中通常不使用控制点，虽然定向靶上的标志点可作为控制点使用，但因定向靶尺寸较小，无法精确确定测量坐标系的长度基准。鉴于此，有必要在测量现场布设一个(或多个)较长的且长度精确已知的基准尺，用以确定测量坐标系的长度基准。

对基准尺加工材料的要求，一方面要有足够的强度，不易产生受力变形；另一方面，要有极低的热膨胀系数，不易产生热变形。数字工业摄影测量中使用的基准尺通常采用殷钢、碳纤维材料或微晶玻璃制成(WABON et al，1990；何晓蓉 等，2002；殷海荣 等，2008；徐新华 等，2009)。基准尺两端粘贴有圆形测量标志点或编码标志，两标志中心间的距离(基准尺长度)可使用双频激光干涉仪精确测定(图 2.16)(程已农，2007)。

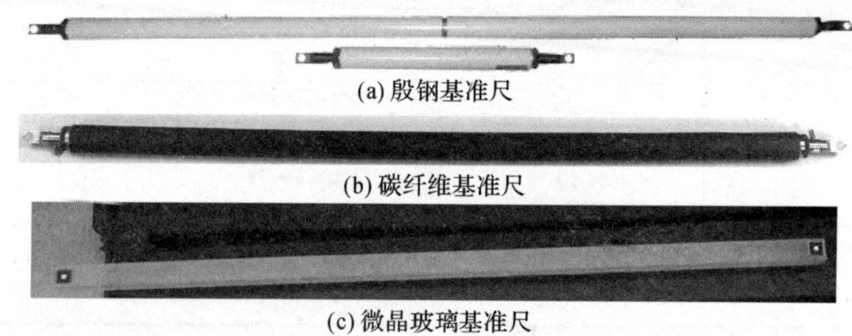

(a) 殷钢基准尺

(b) 碳纤维基准尺

(c) 微晶玻璃基准尺

图 2.16　工业摄影测量常用基准尺

在工业摄影测量中一般需布设至少一根基准尺，为提供基准的准确性和可靠性，通常要在不同位置和方向同时布设多根基准尺。

2.4　本章小结

本章研究数字工业摄影测量使用的回光反射标志、编码标志以及定向靶和基准尺等主要测量附件，主要内容如下：

(1)介绍了回光反射材料的结构、性质和等级划分；分析了影响回光反射材料反光能力的两个主要因素：光线入射角和光源偏差角。

(2)介绍了数字工业摄影测量中常用的两种编码标志：同心圆环型和点分布型；分析了编码标志的设计原则；设计了一种编码容量达 496 的点分布型编码标志，研究了该编码标志的自动识别算法，并验证了该算法的准确性。

(3)介绍了自动定向装置在数字工业摄影测量中的作用；设计了一种新型的定向靶，并研究了其自动识别算法。

(4)介绍了基准尺在数字工业摄影测量中的作用及其对加工材料的要求等相关内容。

第 3 章　数码相机及其检校

高质量的被测目标图像是摄影测量的基础，在数字工业摄影测量中，图像的获取主要依靠数码相机。根据设计目的和用途不同，数码相机可分为量测型相机和非量测型相机；根据采用的影像传感器不同，数码相机主要分为 CCD 相机和 CMOS 相机。

一般而言，量测型相机专为测量目的设计，多采用单色 CCD 影像传感器，具有良好的几何和光学性能；非量测型相机主要用于摄影，多采用价格相对低廉的彩色 CMOS 影像传感器，更加注重色彩还原能力，但在几何性能、结构稳定性等方面不及量测型相机。在现有数字工业摄影测量系统中，不同种类的数码相机均有应用。

任何相机都存在几何畸变，这些畸变来自相机镜头、CCD 传感器以及装配误差等多个方面，并对摄影测量精度造成影响。因此，对相机进行精确检校是完成高精度数字工业摄影测量的前提。

本章首先讨论 CCD、CMOS 和科学级 CCD 等影像传感器的原理与性能；然后，讨论相机影响摄影测量精度的主要因素；最后，分析相机检校的主要内容（相机畸变模型）和检校方法，并提出一种基于参数模型和非参数模型的组合检校方法，实现数码相机的精确检校。

3.1　影像传感器

固态影像传感器（solid state image sensors）技术起源于 20 世纪 60 年代末，它通过将光子转换为电荷并记录在存储介质中以实现数字图像的获取（SHORTIS et al，1996）。当前应用的固态影像传感器类型主要有 CCD、CMOS、JFET LBCAST、Foveon X3、Live MOS 等，其中应用最多的是 CCD 和 CMOS 传感器（乔瑞亭 等，2008）。

本节主要讨论 CCD、CMOS 影像传感器的工作原理及其性能差异，以及专为科学研究而设计的科学级 CCD 相机。

3.1.1　CCD

电荷耦合器件（Charge Coupled Devices，CCD）由美国贝尔实验室（Bell Labs）的维拉·博伊尔（Willard Boyle）和乔治·史密斯（George E. Smith）于 1969 年发明，主要用于光电影像的传感，故又称为 CCD 光电影像传感器（图 3.1）。CCD 的基本功能是实现电荷的存储和转移，其突出特点是以电荷为信号载体，这一点不同于大多数以电流或电压为信号载体的传感器（杰瑞，2005；王庆有，2007）。

图 3.1 柯达 KAF-39000 CCD 影像传感器

金属氧化物半导体（Metal Oxide Semiconductor，MOS）电容器是构成 CCD 的基本单元，主要由金属栅电极、氧化层（SiO_2）和半导体层组成，如图 3.2(a)所示。

当在栅极上施加小于或等于半导体阈值电压 U_{th} 的正电压（光电压）U_G 时，半导体内的空穴被排斥形成耗尽区，见图 3.2(b)。随着电压的增加，耗尽区将在半导体内延伸；当 $U_G>U_{th}$ 时，在半导体层与氧化层的交界处形成电子"势阱"，见图 3.2(c)，其深度与 U_G 成正比。若两个 MOS 电容器间的间隙足够小，则其势阱将合并在一起。将按一定规律变化的电压加到各电极上，电极下的电荷包和深势阱就能沿半导体表面按一定方向移动（耦合）（SHORTIS et al，1996；董岩，2003；江川贵，2005；朱治高 等，2005；陈东雷 等，2007；王庆有，2007）。

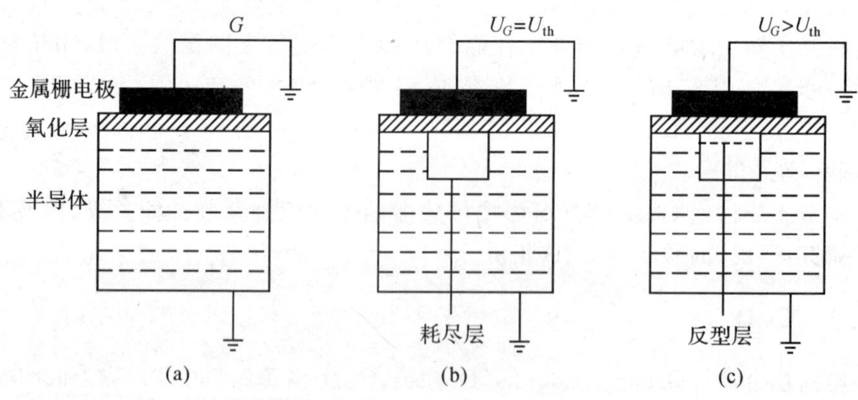

图 3.2 MOS 结构及工作原理

CCD 在每次曝光快门关闭后进行像素灰度值的转移处理。各行中每一像素的电荷信号依次传入“缓冲器”中，经过底端的线路输出至 CCD 边缘的增益器进行放大，最后经过模数转换器转换为数字信号输出，如图 3.3 所示(LITWILLER，2001；杰瑞，2005；朱治高 等，2005)。

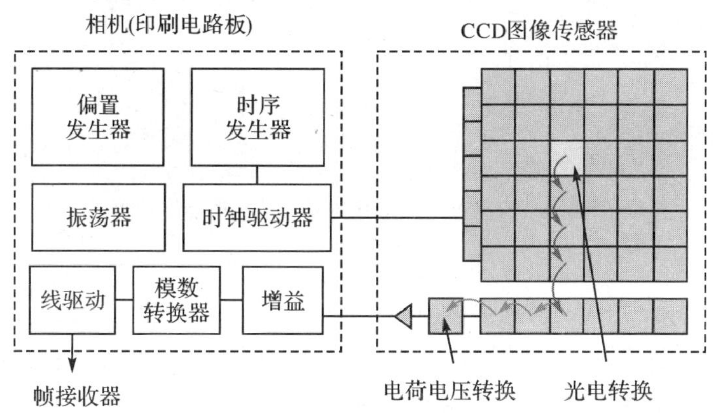

图 3.3 CCD 信号读出

3.1.2 CMOS

互补金属氧化物半导体(complementary metal oxide semiconductor，CMOS)出现于 1969 年，主要由光敏二极管、MOS 场效应晶体管、放大器和开关等电路构成(图 3.4)。CMOS 与 CCD 的最大区别在于，CMOS 属于有源像素传感器(active pixel sensor)，其光电转换、电荷电压转换及缓冲放大等过程都在成像单元内完成。光敏单元的不同是导致 CMOS 与 CCD 性能差异的一个重要因素(董博彦，2005；王庆有，2007；韩振雷，2009)。

图 3.4 佳能 EOS 1Ds Mark Ⅱ CMOS 影像传感器

CMOS 主动式像敏单元结构的基本电路如图 3.5 所示。光敏二极管通过光电转换将光子转换为电荷。场效应晶体管 V_1 构成光敏二极管的负载，其栅极与复位信号线相连。当复位脉冲出现时，V_1 导通，光敏二极管被瞬时复位；当复位脉冲消失后，V_1 截止，光敏二极管开始积分光信号。场效应晶体管 V_2 是源极跟随放大器，将光敏二极管的输出信号进行电压缓冲和电流放大。场效应晶体管 V_3 为选址模拟开关，当选通脉冲引入时，V_3 导通，将放大后的光电信号传输至列总线(王庆有，2007；韩振雷，2009)。

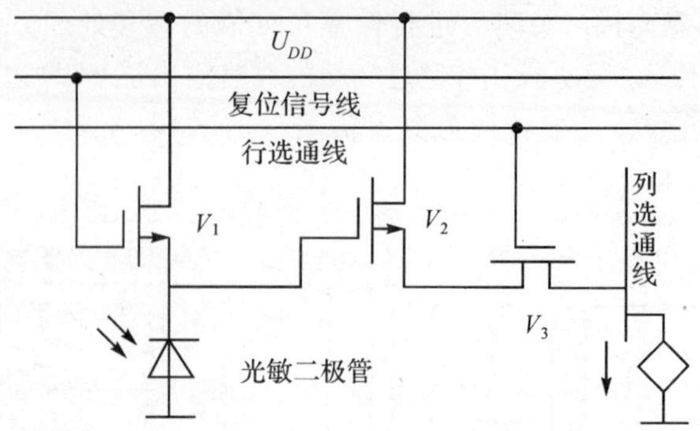

图 3.5 CMOS 主动式像敏单元结构的基本电路

图 3.6 所示为 CMOS 信号读出过程示意图。从图中可以看出，单个像敏单元即可完成电信号的产生、转换和放大等工作，得到的数字信号合并后直接交给数字信号处理(digital signal processing, DSP)芯片进行后续处理。这种数据处理和传送方式的不同也导致 CMOS 与 CCD 在性能上存在诸多差异(LITWILLER,2001；赵刚,2006)。

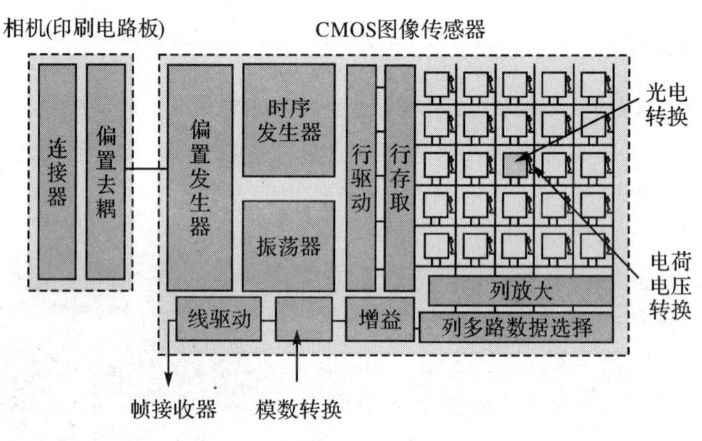

图 3.6 CMOS 信号读出

3.1.3 CCD 和 CMOS 比较

像敏单元以及数据处理和传送方式的不同导致 CCD 和 CMOS 传感器在性能上有所差异，主要体现在以下几方面(LITWILLER,2001；杰瑞,2005；韩振雷,2009；王树刚 等,2009；周胜利,2009)：

(1)CCD 像敏单元中没有信号放大装置，感光二极管可以占据像敏单元表面较大的面积(开口率)。因此，CCD 的光利用效率、动态范围以及感光度等性能都优于 CMOS。同时,由于像敏单元可以做得很小,在相同面积上 CCD 能够排列更多的像敏单元,其分辨率也高于 CMOS。

(2)CCD 中不同像敏单元输出的电信号进行统一放大,其噪声低于 CMOS。另一方面,由于 CMOS 中各像敏单元单独对其信号进行放大,很难保证所有放大器放大倍数的一致性,故更易导致像素响应的不均匀性。

(3)CCD 需要外加电压才能使电荷移动,并且不同的垂直寄存器需要的电压不一样,要用专用的电源管理电路。因此,CCD 的功耗比同尺寸的 CMOS 高。

(4)CCD 需要使用专门的制造设备,而且一个单元的损坏会造成整列报废,因而其成品率低,生产成本和技术门槛较高。CMOS 传感器采用一般半导体电路最常用的 CMOS 工艺,技术相对成熟,制造成本较低,更易于普及。

总体而言,CCD 的成像性能优于 CMOS。因此,在摄影测量领域应尽可能地采用基于 CCD 传感器的数码相机。

3.1.4　科学级 CCD

科学级 CCD(scientific grade CCD),顾名思义,是专门用于科学研究领域的高性能 CCD 影像传感器,其突出的性能特点是噪声低、灵敏度高、量子效率高、线性度好、动态范围大和空间分辨率高等。科学级 CCD 多用于微光信号检测和微光成像,在天文观测、生物医学、水下摄影、射线成像检测等多种技术领域均有广泛应用(LABELLE et al,1995;陈树越 等,2001;马俊婷,2001;马俊婷 等,2001)。

科学级 CCD 与普通 CCD 的主要区别是其使用制冷装置降低 CCD 传感器的温度,从而抑制输出信号中的暗电流影响。暗电流是指 CCD 在无光照情况下的输出信号,其根本原因是半导体的热激发。因此,降低 CCD 工作温度能有效抑制暗电流的产生。相关实验表明,CCD 温度每降低 6℃～7℃,暗电流将减少一半。科学级 CCD 中的制冷装置通常能将 CCD 温度降至环境温度以下 40℃～60℃,此时暗电流的影响已微乎其微(LABELLE et al,1995;陈树越 等,2001;李云飞 等,2005)。

读出电路中的读出噪声是 CCD 影像传感器的另一重要噪声源,与 CCD 信号读出速度有很大关系,一般而言,读出速度越慢,读出噪声越小。因此,科学级 CCD 相机多采用“慢扫描”方式以减少读出噪声,故又称为“慢扫描 CCD 相机”(LABELLE et al,1995)。

图 3.7 所示为美国 Apogee 仪器公司生产的 Alta U16000 科学级 CCD 相机,其传感器为柯达 KAI-16000M 单色 CCD。Apogee 仪器公司从 1993 年就开始从事科学相机的生产研发,其相机在成像性能、可靠性以及易用性等方面享有非常高的声誉。Alta 系列是 Apogee 公司最新设计的科学级相机平台,目标是提供高性能、高互连性、高效制冷、结构紧凑稳定以及具有价格竞争力的产品。

(a) Alta U16000相机

(b) KAI-16000M CCD

图 3.7 Alta U16000 科学级 CCD 相机及其 CCD 传感器

Alta U16000 相机采用智能型半导体制冷器(thermoelectric cooler),能将 CCD 温度降至环境温度以下 40℃(D07 外壳)至 60℃(D09 外壳);并配备可编程控制转速的风扇,在保证散热效果的同时能有效控制相机震动。Alta U16000 采用 USB2.0 接口实现图像高速传输,并具有丰富的 I/O 接口,包括触发输入、strobe 输出、曝光时间输出以及状态指示 LED 等,并均可编程控制。Alta U16000 相机的主要性能指标如表 3.1 所示。

表 3.1 Alta U16000 相机主要性能指标

分辨率	4 872 像素×3 248 像素
像素尺寸	7.4 μm×7.4 μm
成像区域面积	36 mm×24 mm(866 mm^2)
成像区域对角线	43.3 mm
图像位数	12、16

科学级 CCD 相机具有极高的成像性能和稳定的机械结构,而这些特点恰好满足高精度数字工业摄影测量对相机的要求。在许多工业摄影测量实验中,科学级 CCD 相机都表现出普通相机难以企及的测量精度潜力(SHORTIS et al,1991;SHORTIS et al,1995b;SHORTIS et al,1997)。正是基于此考虑,GSI 公司一直采用柯达 MegaPlus 系列科学级 CCD 相机作为其核心成像系统,并加装智能处理器和控制电路,形成了其 INCA 系列智能专业量测型相机(图 3.8)(SHORTIS et al,1995b;GANCI et al,1998)。

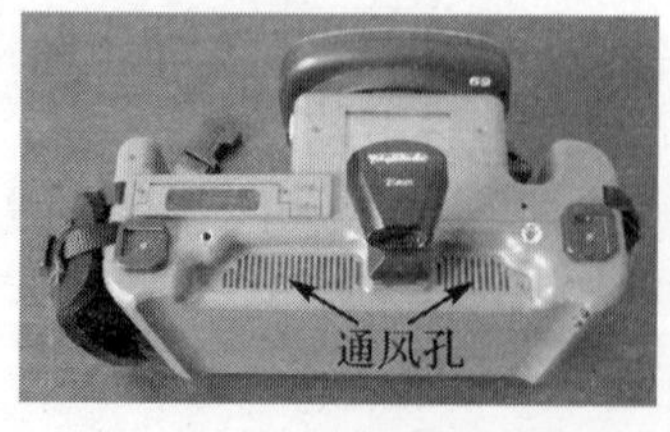

图 3.8 INCA3 相机的通风孔和风扇

3.2 影响测量精度的主要因素

相机的性能指标有很多，例如影像传感器的尺寸、分辨率、感光度动态范围以及镜头的焦距、光圈、畸变，等等。在摄影测量中，这些性能指标都在不同程度上对测量精度有所影响。

本节将针对相机分辨率、噪声、畸变等主要性能指标以及相机的结构稳定性和彩色成像机理进行分析，研究其对摄影测量精度的影响，并给出在数字工业摄影测量中选择相机的基本原则。

3.2.1 分辨率

相机分辨率是指数码相机中影像传感器包含的（有效）像素数量，像素越多，分辨率越高。分辨率的高低直接影响图像质量，是数码相机最重要的性能指标（冯文灏，2001a；乔瑞亭 等，2008）。

在数字工业摄影测量中，相机分辨率影响系统的理论相对测量精度。理论上，如果摄影测量网型结构足够强，并且有足够多的多余观测值，则像点坐标提取精度与图像尺寸（像素分辨率）的比值即为系统的理论相对测量精度，等效于物方点测量精度与被测目标尺寸的比值（UFFENKAMP，1993；GSI，2006）。例如，假定图像分辨率为 1 024 像素×1 024 像素，像点坐标提取精度为 0.02 像素，则理论相对测量精度约为 1/50 000(0.02/1 024)，即对 1 m×1 m×1 m 的测量目标而言，其点位绝对测量精度为±0.02 mm。在实际测量中，受相机结构稳定性以及畸变差等因素的影响，实际测量精度一般都低于理论精度值（UFFENKAMP，1993）。

由此可以看出，分辨率越高的相机，其理论相对测量精度越高。正因如此，已有越来越多的高分辨率数码相机被应用到数字工业摄影测量中，例如：1 200 万像素（4 288 像素×2 848 像素）的尼康 D2X、D300 等（RIEKE-ZAPP et al，2008）。

与分辨率密切相关的另两个性能指标是像素尺寸和影像传感器尺寸，影像传感器尺寸越大、像素尺寸越小，则分辨率越高。在镜头焦距一定的情况下，影像传感器尺寸越大，则视场角越大。这就意味着在相同摄影距离上能够拍摄更大范围的目标，亦即同一张像片上有更多的像点（多余观测量），而多余观测量的增加无疑能提高摄影测量精度。像素尺寸越小，则相机的空间分辨率越高，成像越清晰。但像素过小会缩小单个像敏单元上的感光区域，降低饱和信号，容易导致高光溢出，进而影响成像质量（LABELLE et al，1995）。

综上所述，数字工业摄影测量采用的数码相机不能单纯追求高分辨率，而应尽量选择像素尺寸适中、影像传感器尺寸较大的数码相机。

3.2.2 噪声

理想情况下,像片上每一像素的灰度值均对应影像传感器上相应光敏单元在曝光时间内接收的光子数,但由于成像过程中的噪声影响,灰度值与光子数之间的对应关系并不准确。如图 3.9 所示,分别用 INCA3 相机和尼康 D2H 相机对同一白色墙面进行拍摄,D2H 相机的成像噪声明显高于 INCA3 相机。

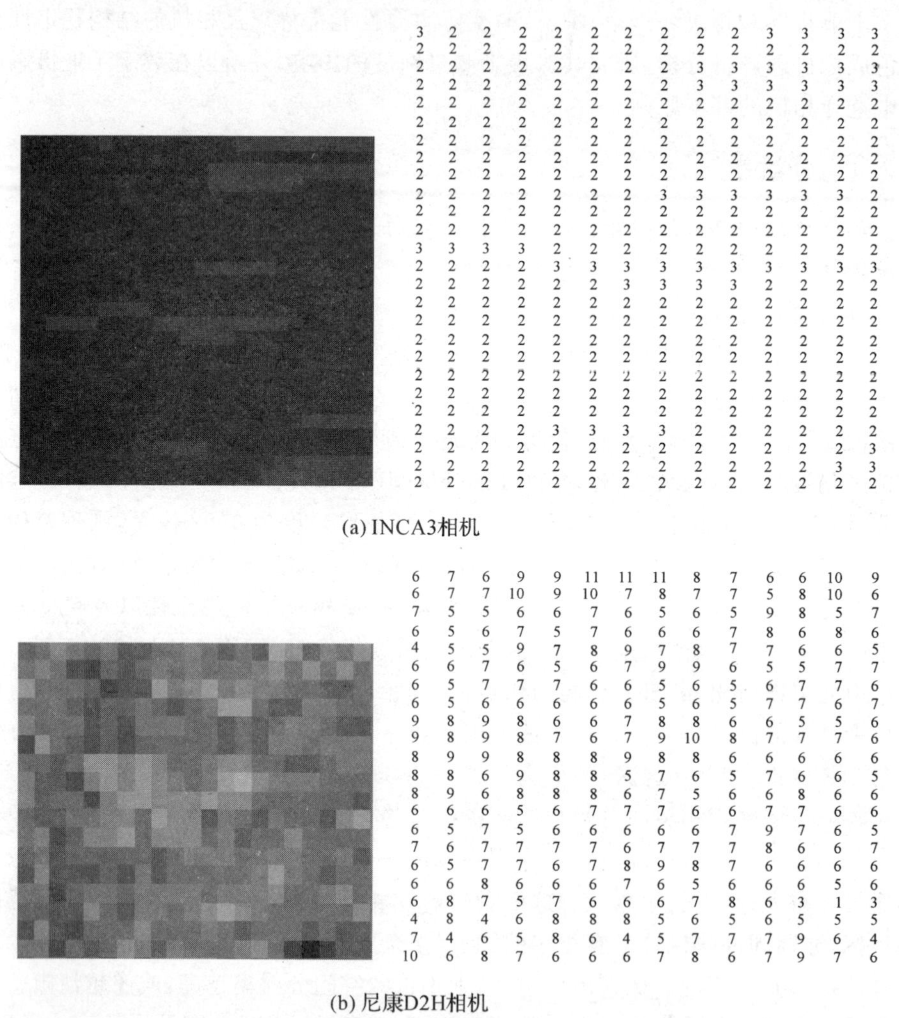

图 3.9 两种相机拍摄白色墙面的局部放大图像(对比度放大后)及灰度分布

根据来源不同,成像噪声主要分为暗电流、散粒噪声和复位噪声等(MULLIKIN et al,1994;SHORTIS et al,1996;马俊婷 等,2001)。

暗电流由像敏单元半导体的热激发产生，因其在无入射光(黑暗)条件下仍能输出电信号而得名。暗电流主要出现在两个位置:一是在半导体与氧化层交界处，二是在半导体内。常温下前者所占比例最大。在像敏单元曝光和信号读出阶段都会有暗电流产生，其大小与温度和读出时间有关。在行间转移 CCD 中，由于不同位置像敏单元的信号读出时间不同，暗电流会呈一定规律分布，形成固定图形噪声。暗电流大致与感光材料的绝对温度成正比，因此，降低影像传感器温度能有效抑制暗电流的产生。

散粒噪声是在电荷产生过程中形成的。在光敏单元上，光子到达和吸收的过程具有随机性，因此电荷的产生在本质上是一个统计过程。这就决定了即使在相同照度下，像敏单元单位时间内产生的电荷数量也不完全相同，而会存在一定的误差，这种误差便是光子散粒噪声。光子散粒噪声呈随机性分布，其噪声电平等于信号电平的平方根，当像敏单元的信号接近饱和信号时，光子散粒噪声最大，但信噪比最小。散粒噪声的另一来源是暗电流，这种散粒噪声也是随机的。

复位噪声主要由前置放大器产生。前置放大器将每个像敏单元传出的电荷信号转换并放大为电压电平，各像敏单元的电荷都读出后，放大器必须清零。而实际上，前置放大器很难被清零，之前的电荷信号会叠加到后续信号中，由此引起复位噪声。复位噪声大小取决于信号读出速度，与信号电平大小无关，延长读出时间可以降低复位噪声。

在数字工业摄影测量中，成像噪声影响像点中心定位精度。在图像中提取圆形标志点中心坐标主要依靠标志图像的灰度分布，理论上，只要各像素的灰度值均与相应像敏单元上接收的光子数严格对应，即可采用像点中心定位算法准确计算出标志中心坐标。成像噪声会降低各种像点中心定位算法的精度，例如，影响灰度加权算法中的边界搜索精度和定权精度，影响椭圆拟合算法中的边缘检测精度等。

像点坐标是数字工业摄影测量的观测值，其提取精度直接决定系统的测量精度。因此，摄影测量应尽量选用成像噪声低、信噪比高的相机，如科学级 CCD 相机，以从根本上提高测量精度。

3.2.3　畸变

摄影测量的基本原理是共线条件，即如图 3.10 所示，摄影时物点 P、镜头中心 S、像点 p 三点位于同一直线上。相机畸变的存在使得物点、镜头中心和像点不再共线。

相机畸变主要由镜头和影像传感器两部分产生(ROBSON et al，1998；REMONDINO et al，2006)。

由于制造误差和装配误差的存在，镜头中使用的透镜难以加工成标准曲面，各透镜间也无法做得完全同轴，因此，光线通过镜头时会发生折射，而不是沿直线传播。

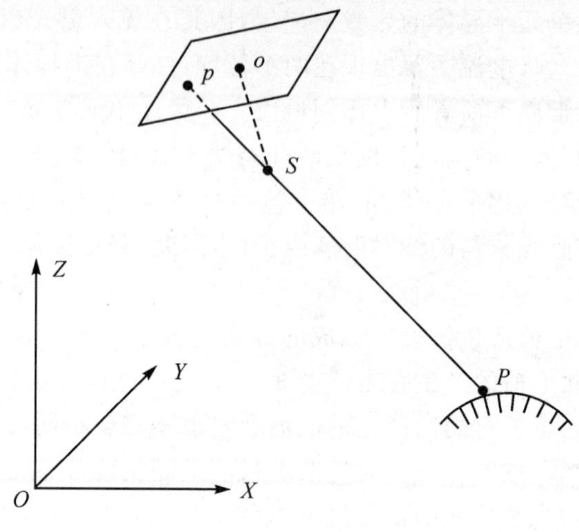

图 3.10　共线条件示意图

同时，影像传感器各像敏单元的尺寸和排列并不完全规则，从而导致标志点中心在像平面坐标系中的坐标计算值不能真实反映其在空间中的位置，进而在数学模型上影响共线条件方程的成立。

相机畸变无法从硬件上完全消除，只能通过一定的数学模型对其加以改正，即利用相机畸变模型进行相机检校。相机检校的效果（精度）在很大程度上取决于相机畸变值的大小及其规律性的强弱，畸变值越小、规律性越强则检校精度越高，系统的测量精度也越高。因此，在数字工业摄影测量中应尽量选择加工精度高、畸变值小且规律性强的相机，以利于其精确检校。

3.2.4　结构稳定性

在严格意义上，为满足共线条件应保持相机的成像光路的绝对稳定性，即镜头各镜片之间、镜头与影像传感器之间的相对位置关系保持不变。专业量测型相机由于专为测量目的而设计，其整体结构的稳定性较好，各部件间的连接牢固。而非量测型相机，尤其是各类数码单反相机，由于为摄影设计，对几何精度没有过高要求，因而其稳定性较差。相机结构稳定性主要体现在镜头的变焦与对焦、镜头与机身的连接以及影像传感器与机身的连接等方面。

相机镜头分为变焦镜头和定焦镜头两种，而无论哪种镜头，一般都有对焦功能（部分低端傻瓜相机镜头除外）。变焦镜头的焦距可调，其原理是在镜头的镜片中加入一组活动透镜，通过调节焦距可实现远、近景物的清晰拍摄，而定焦镜头的焦距是固定不变的。对焦是指调整影像的虚实，即改变透镜与成像面（影像传感器）之间的距离，达到使影像清晰的目的。由此可以看出，无论镜头的变焦功能还是对焦功能，都会改变镜头中心与影像传感器之间的相对关系，从而使得相机内参数

(主距、主点位置以及畸变参数)发生改变,进而影响共线条件方程的成立(SHORTIS et al,1998)。因此,在数字工业摄影测量中,一般使用固定焦距的定焦镜头,并尽可能将对焦功能锁定,通过调小光圈实现远、近不同目标的清晰成像。如图 3.11 所示,INCA3 相机使用螺丝锁定其福伦达 COLOR SKOPAR 21 mm 定焦镜头的对焦环(LI Xiaopeng,1999;LABE et al,2004;FRASER et al,2006)。

镜头与机身之间的连接方式是影响相机稳定性的另一个重要方面。为保持镜头通用和便于拆装,目前数码单反相机的镜头与机身之间多采用卡口连接(图 3.12)。从摄影测量角度考虑,这种连接方式的可靠性较低,极易由镜头自重或附加环形闪光灯的重量引起镜头倾斜。而且,当相机姿态不同时,镜头倾斜的方向和程度也随之改变,从而造成相机内参数不稳定。因此,在数字工业摄影测量中,多利用螺丝固定等方式加强镜头与机身的连接,并将环形闪光灯与镜头分离,直接安装到机身上,如图 3.13 所示(IMOTO et al,2004;HAIG et al,2006;RIEKE-ZAPP et al,2008)。

图 3.11　INCA3 相机对其镜头对焦环的锁定

图 3.12　佳能 EOS 400D 相机的 EF 镜头卡口

(a) 瑞士Alpa 12 WA相机的镜头固定螺丝

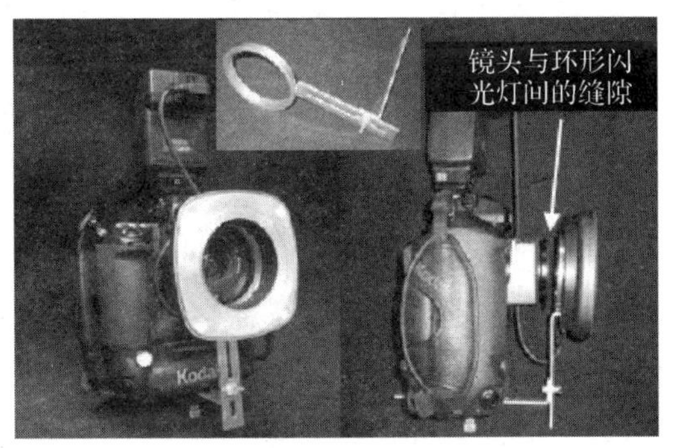

(b) 柯达DCS 660的环形闪光灯支架

图 3.13　镜头连接加固

影像传感器与机身之间连接的牢固程度也是影响相机结构稳定性的重要因

素。一方面，目前主流单反相机多具有自动除尘功能，即对 CCD(或 CMOS)影像传感器前的红外滤镜施加超声波振动，以去除滤镜表面的顽固尘屑(图 3.14)。由于传感器与滤镜紧密连接，滤镜振动会不可避免地造成影像传感器的微小移位。

另一方面，一些高端相机(如哈苏、禄徕、柯达等)采用机身与数字机背分离的组合方式，将影像传感器封装在数字机背中，机身与机背的连接通常也不甚牢固。与镜头一样，影像传感器与机身之间连接不稳定也会导致相机内参数发生变化。

因此，在数字工业摄影测量中应慎用相机的自动除尘功能(尤其是在同一次测量过程中)，并采用外部加固方式保证机背和机身的稳定连接(图 3.15)(RIEKE-ZAPP et al,2005;RIEKE-ZAPP et al,2008)。

图 3.14 佳能 EOS 1Ds Mark Ⅲ 传感器自动除尘单元

图 3.15 Alpa 12 WA 相机的机背固定

3.2.5 彩色成像

如前所述，影像传感器各像敏单元输出信号的强弱由接收的光子数决定，而与入射光线的波段无关。因此，像敏单元本身不能区分入射光的颜色，要生成彩色影像，必须采用分光技术将入射光线分为不同波段，并分别在不同像敏单元上独立成像。

彩色数码相机的分色方法主要有三传感器(3 sensors)分色、三色多重曝光(3 separate exposures)、分层色彩采样(foveon)以及滤色片(color filter)分色等，其中滤色片分色方法应用最为广泛(方晖 等,2001;程开富,2004;吴心然 等,2005)。

图 3.16 为最常用的贝叶尔(Bayer)滤色片阵列结构示意图，在每个像敏单元上分别覆盖红、绿、蓝三色滤光片，使其感应不同波段的入射光线。由于人眼对绿色波段的光线最为敏感，在 Bayer 阵列中绿色滤光片所占比例最大，为 50%，红色、蓝色滤光片各占 25%。每个像敏单元只记录一种颜色信息，其余两种颜色的亮度值则利用其周围像素通过内插计算得到。

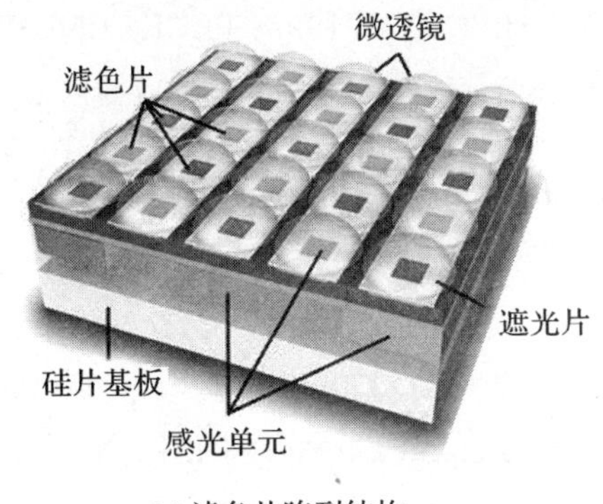

(a) 滤色片阵列结构

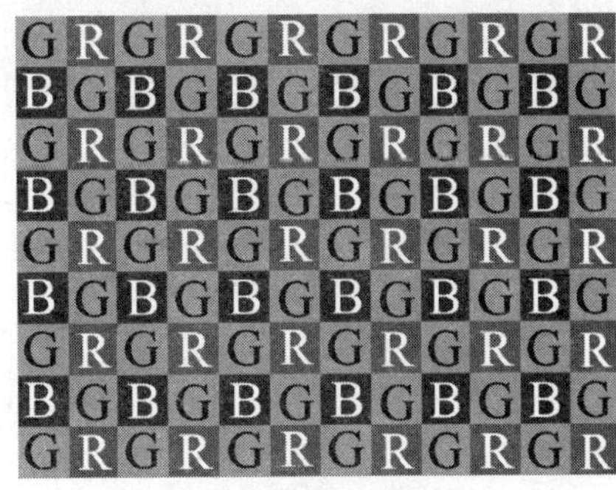

(b) RGB颜色排列

图 3.16 贝叶尔滤光示意图

彩色成像是日常摄影所必需的功能，但对于摄影测量，尤其是采用回光反射标志作为测量标志的数字工业摄影测量而言，该功能非但无益反而有损测量精度。如上所述，图像中的每个像素只有一种颜色值是通过感光直接产生，这就意味着整幅图像有50%的绿色亮度值、75%的红色和蓝色亮度值不是目标的真实反映，而是通过插值算法间接得到的。另一方面，标志点图像中心定位的依据是其灰度分布，因此，需先利用加权平均算法将彩色图像转换为灰度图像。众所周知，插值算法和加权平均算法本质上都是低通滤波（模糊），势必会降低图像分辨率，进而影响标志点图像中心的定位精度（SHORTIS et al，1996；RIEKE-ZAPP et al，2005）。

除此以外，滤色片对光线的吸收会减少到达各像敏单元的光子数，从而缩小影像传感器的感光度动态范围，降低影像质量；彩色图像的每个像素都有三个颜色的亮度值，必然使其存储空间远大于灰度图像，这些都是影响摄影测量的不利因素。

因此，在数字工业摄影测量中应尽量采用单色数码相机，以避免彩色成像对测量精度的影响。

3.3 常用相机畸变模型

引起畸变差的原因是相机零部件的制造和装配误差，如CCD（或CMOS）表面不平整或像素排列不规则、镜头各透镜组不同轴以及主光轴与CCD不垂直等。相机畸变差属于系统误差，在实施摄影测量前必须对相机进行检校，以减小其对测量精度的影响。

除光学检校方法外，在摄影测量中多采用数学模型对相机畸变进行建模并加以补偿，常用的相机畸变模型可分为参数模型和非参数模型两种。顾名思义，参数模型具有显式数学表达式，畸变参数通常有明确的物理含义，如10参数模型（BROWN，1971）、多项式模型等（李德仁 等，2002）；非参数模型没有明确含义的畸变参数和数学表达式,如有限元模型(LICHTI et al,1997;TECKLENBURG et al,2001;冯文灏 等,2006)、人工神经网络(KAVZOGLU et al,2008)等。

本节将针对三种常用的相机畸变模型进行研究,即一般多项式模型、10 参数模型和有限元模型,并通过实验验证不同模型的检校效果,分析各自的特点。

3.3.1 一般多项式模型

一般多项式模型,即利用关于像点坐标(x,y)的二元 n 次多项式 $p_n(x,y)$拟合该像点的畸变差,是最简单的相机畸变模型。一般多项式模型可表示为(李德仁 等,2002)

$$\left.\begin{aligned}\Delta x=a_0+a_1x+a_2y+a_3x^2+a_4xy+a_5y^2+\cdots\\ \Delta y=b_0+b_1x+b_2y+b_3x^2+b_4xy+b_5y^2+\cdots\end{aligned}\right\} \tag{3.1}$$

式中,$(\Delta x,\Delta y)$为像点坐标畸变值。

3.3.2 10 参数模型

10 参数模型是一种物理模型,依据相机成像过程中各种物理因素的影响而设计,是摄影测量领域尤其是数字工业摄影测量领域应用最为广泛的相机畸变模型,其原型为布朗于 1971 年提出的用以补偿镜头畸变的 8 参数模型(REMONDINO et al,2006)。

除主距 f、主点坐标(x_0,y_0)等相机内参数以外,10 参数模型还包括镜头径向畸变、偏心畸变和像平面畸变等三类畸变参数(程效军,2002;黄桂平,2005)。

1. 径向畸变

径向畸变由镜头形状不规则引起,它使像点沿径向产生偏差。径向畸变是对称的,对称中心(自准直主点)与像主点并不完全重合,但通常将像主点视为对称中心。径向畸变有正负之分,相对主点向外偏移为正,称为枕形畸变;向内偏移为负,称为桶形畸变,如图 3.17 所示。

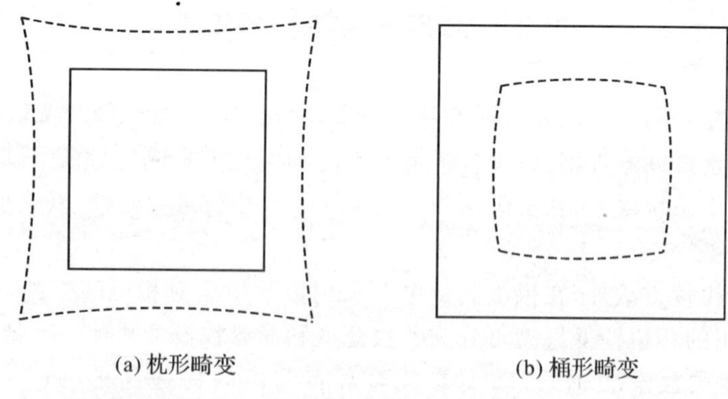

(a) 枕形畸变 (b) 桶形畸变

图 3.17 径向畸变

径向畸变可用多项式表示为

$$\Delta r = k_1 r^3 + k_2 r^5 + k_3 r^7 + \cdots \tag{3.2}$$

将其分解到 x 轴和 y 轴上，则有

$$\left.\begin{aligned} \Delta x_r &= k_1 \bar{x} r^2 + k_2 \bar{x} r^4 + k_3 \bar{x} r^6 + \cdots \\ \Delta y_r &= k_1 \bar{y} r^2 + k_2 \bar{y} r^4 + k_3 \bar{y} r^6 + \cdots \end{aligned}\right\} \tag{3.3}$$

式中，$\bar{x}=(x-x_0)$，$\bar{y}=(y-y_0)$，$r^2=\bar{x}^2+\bar{y}^2$，k_1、k_2、k_3 为径向畸变系数。

2. 偏心畸变

偏心畸变主要由光学系统光心与几何中心不一致造成，即镜头器件的光学中心和(或)主轴不能严格共线，如图3.18所示。偏心畸变在数值上比径向畸变小得多。

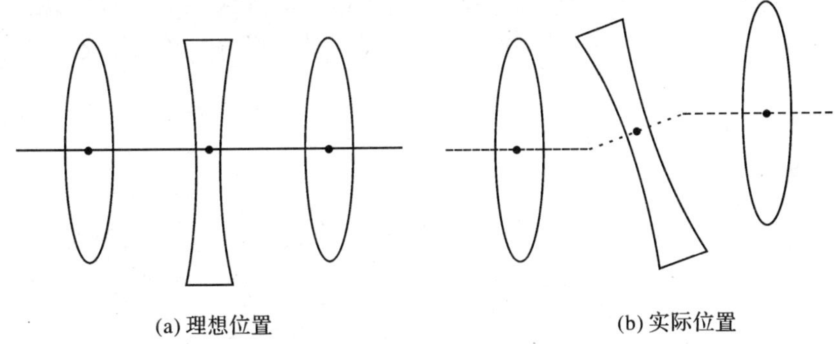

(a) 理想位置　　(b) 实际位置

图3.18　镜头装配误差引起偏心畸变

偏心畸变表达式为

$$\left.\begin{aligned} \Delta x_d &= P_1(r^2+2\bar{x}^2)+2P_2\bar{x}\cdot\bar{y} \\ \Delta y_d &= P_2(r^2+2\bar{y}^2)+2P_1\bar{x}\cdot\bar{y} \end{aligned}\right\} \tag{3.4}$$

式中，P_1、P_2 为偏心畸变系数。

3. 像平面畸变

像平面畸变可以分为两类：像平面不平引起的非平面畸变和像平面内的畸变。

胶片式相机的像平面畸变即为胶片平面不平引起的畸变，可用多项式加以补偿。而数码相机的影像传感器由于采用离散的像敏单元成像，其非平面畸变很难用模型描述。

像平面内的畸变可表示为仿射和剪切变形(affinity and shear deformation)，即

$$\left.\begin{aligned} \Delta x_m &= b_1\bar{x}+b_2\bar{y} \\ \Delta y_m &= 0 \end{aligned}\right\} \tag{3.5}$$

式中，b_1、b_2 为像平面内畸变系数。

综合上述三类畸变，10参数相机畸变模型可表示为

$$\left.\begin{aligned} \Delta x &= k_1\bar{x}r^2+k_2\bar{x}r^4+k_3\bar{x}r^6+P_1(r^2+2\bar{x}^2)+2P_2\bar{x}\cdot\bar{y}+b_1\bar{x}+b_2\bar{y} \\ \Delta y &= k_1\bar{y}r^2+k_2\bar{y}r^4+k_3\bar{y}r^6+P_2(r^2+2\bar{y}^2)+2P_1\bar{x}\cdot\bar{y} \end{aligned}\right\} \tag{3.6}$$

3.3.3 有限元模型

有限元方法最初应用于结构分析，目前在测绘领域也已有广泛应用，如数字地面模型(digital terrain model, DTM)、变形检测与分析以及相机检校等。利用有限元检校相机主要有两种方式：补偿主距变化和直接补偿像点畸变差(LICHTI et al,1997;LI Xiaopeng,1999;詹总谦 等,2007)。

补偿主距变化的方法主要针对径向畸变和像平面不平畸变，其基本原理是将畸变差视为由各像点处的主距值变化引起，如图 3.19(a)所示。图 3.19(b)所示为采用 4 个有限元进行相机检校的模型示意图，该模型将像平面等分为 4 个单元，共 9 个节点。通过相机检校计算出各节点处的主距改正值 $\Delta f_i(i=1\sim9)$，则像平面内任一位置处的主距改正值都可利用其所在单元的 4 个节点经双线性内插得到。

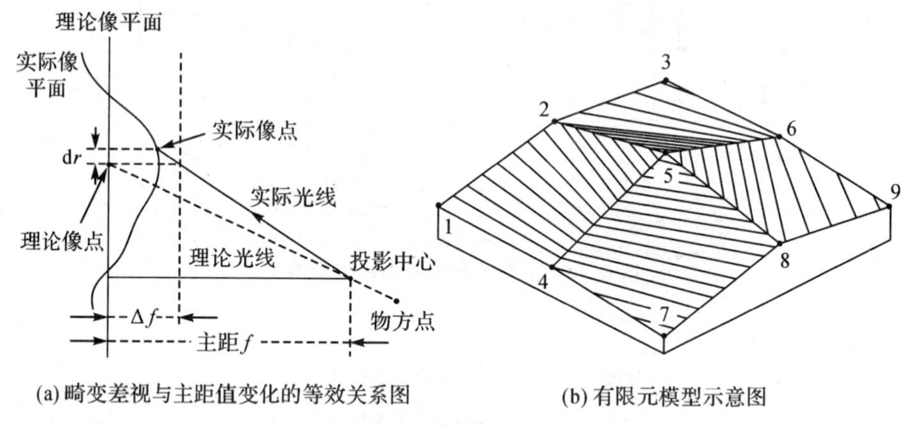

(a) 畸变差视与主距值变化的等效关系图　　(b) 有限元模型示意图

图 3.19　补偿主距式有限元相机检校

另一种有限元模型是直接补偿各像点畸变差。该模型也将像平面等分为若干单元，每个节点(i,j)具有两个方向的畸变差$\Delta x_{i,j}$和$\Delta y_{i,j}$，用以表示该位置处的像点坐标畸变值。像平面内任一位置处的畸变可利用其所在单元的 4 个节点经双线性内插得到，如图 3.20 所示。

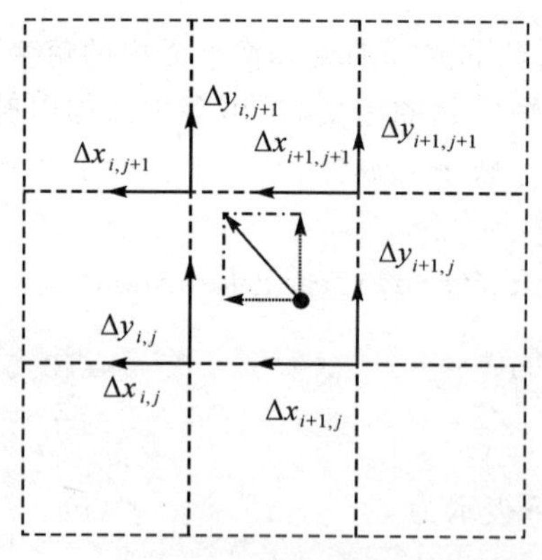

图 3.20　直接补偿式有限元相机检校

在计算各节点处畸变值时，为保证畸变差的连续性，通常需加入连续性和光滑性约束条件。另外，由于畸变改正值与相机内、外参数间存在强相关性，还需加入一些附加约束条件。例如,将主距和主点坐标视为带权观测值、将主点处畸变值赋为 0 等。

3.3.4　实验及结果分析

为验证不同相机畸变模型的检校效果,利用室内检校场分别对 INCA3、佳能 EOS 5D Mark Ⅱ、尼康 D2H 等三款相机进行不同畸变模型的检校实验。

相机检校场由室内墙面上均匀布设的回光反射标志和编码标志构成,尺寸约为 4.3 m×2.7 m,如图 3.21 所示。反光标志直径为 6 mm,共计 800(25×32)个;编码标志共计 15(3×5)个;摄影距离为 2.5～3.5 m。

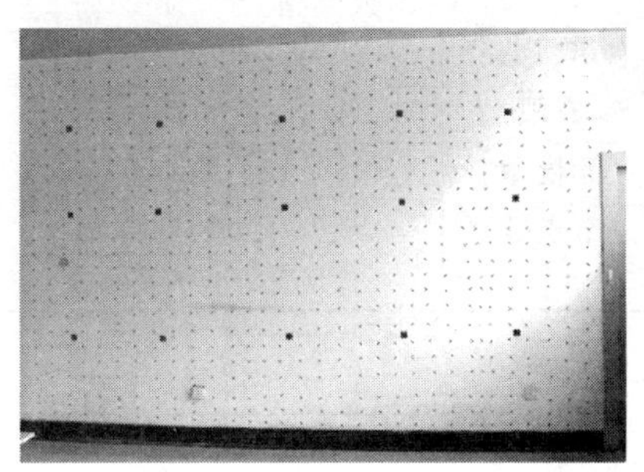

图 3.21　相机检校场

三款相机的主要性能参数见表 3.2,拍摄的像片数分别为 60、61、58,像点数分别为 32 433、45 206、25 082。

表 3.2　相机主要性能参数

参数	INCA3	5D Mark Ⅱ	D2H
焦距/mm	21	24	20
分辨率/像素	3 500×2 300	5 616×3 744	2 464×1 632
像素尺寸/μm	10×10	6.4×6.4	9×9
CCD 尺寸/mm	35×23	36×24	23×15

采用自检校光束法平差,分别附加三种畸变模型对相机进行检校。其中,一般多项式模型的多项式阶数分别取为 0～9 阶;有限元模型各取 5 组数量不等的节点数,采用点松弛法解算以提高计算速度并避免法方程复共线性(冯其强,2007)。检校后的像点坐标残差值如表 3.3 所示,图 3.22、图 3.23 和图 3.24 分别为不同相机两张像片上的像点坐标残差分布图。

表 3.3　像点坐标残差

相机畸变模型		INCA3/μm	5D Mark Ⅱ/μm	D2H/μm
一般多项式模型	0 阶	27.56	15.61	31.52
	1 阶	27.49	15.23	31.46
	2 阶	27.34	15.15	31.45
	3 阶	9.15	10.43	3.89
	4 阶	9.05	10.32	3.89
	5 阶	0.44	1.58	0.51
	6 阶	0.43	1.58	0.51

续表

相机畸变模型		INCA3/μm	5D MarkⅡ/μm	D2H/μm
一般多项式模型	7 阶	0.41	0.87	0.51
	8 阶	0.41	0.87	0.51
	9 阶	0.40	0.69	0.5
10 参数模型		0.92	0.99	0.55
有限元模型（节点数）	4×3=12	15.39	10.09	12.32
	13×9=117	1.03	0.93	0.93
	21×15=315	0.42	0.64	0.56
	31×21=651	0.28	0.6	0.5
	37×25=925	0.25	0.59	0.49

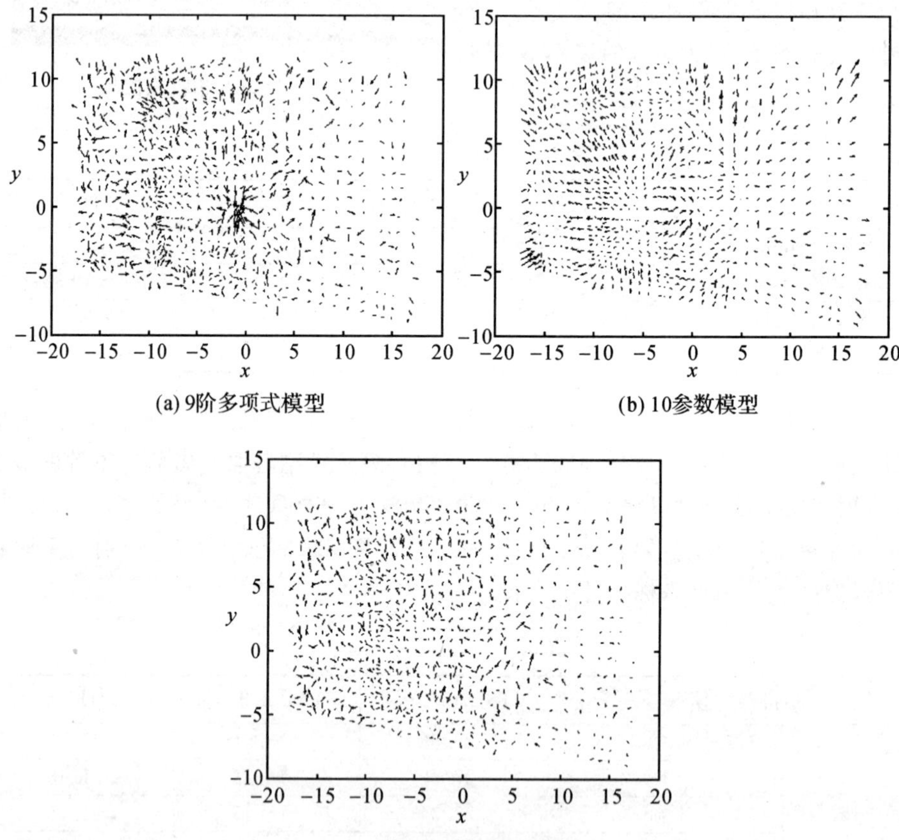

(a) 9阶多项式模型　　(b) 10参数模型

(c) 有限元模型(925节点)

图 3.22　INCA3 相机检校后的像点残差分布图

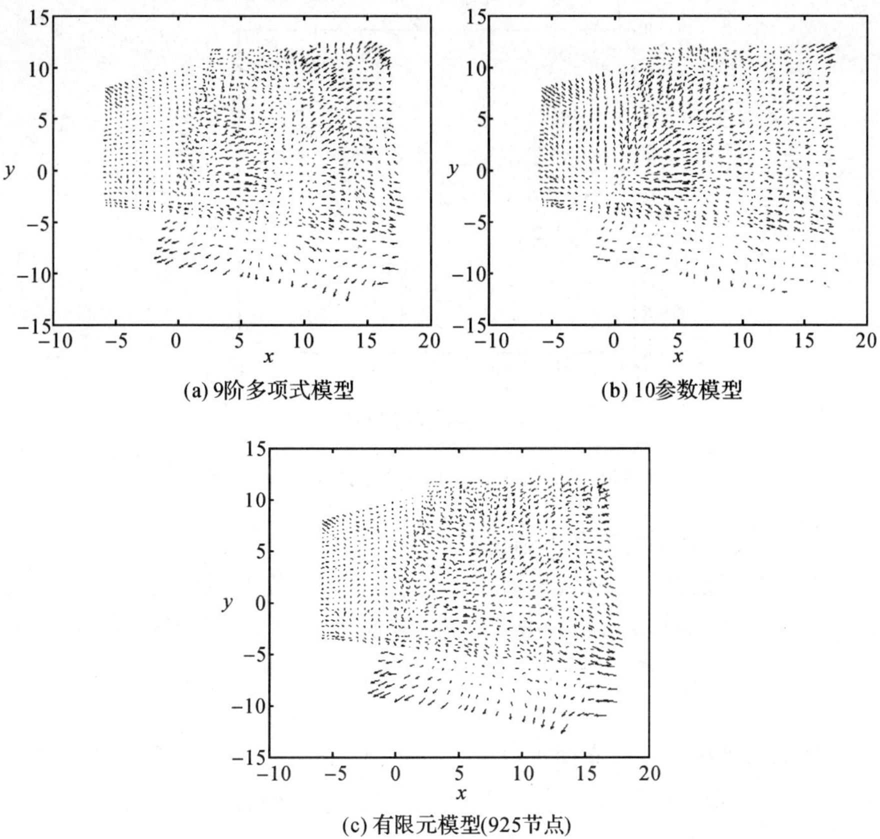

(a) 9阶多项式模型　(b) 10参数模型

(c) 有限元模型(925节点)

图 3.23　佳能 5D Mark Ⅱ 相机检校后的像点残差分布图

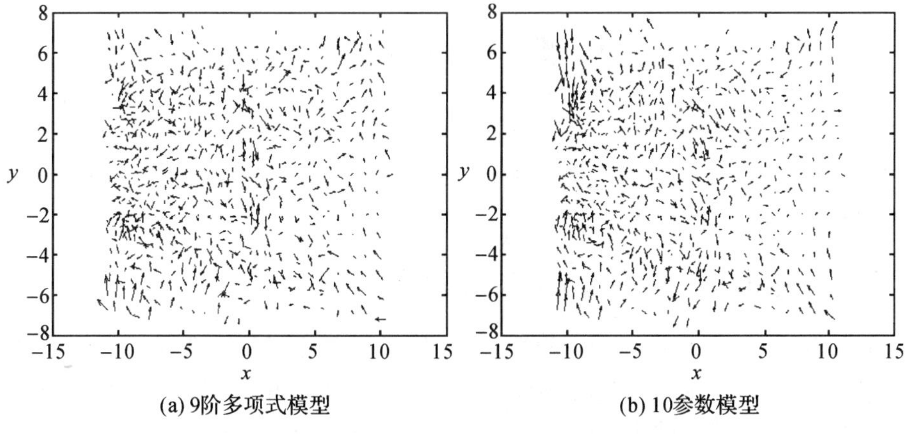

(a) 9阶多项式模型　(b) 10参数模型

图 3.24　尼康 D2H 相机检校后的像点残差分布图

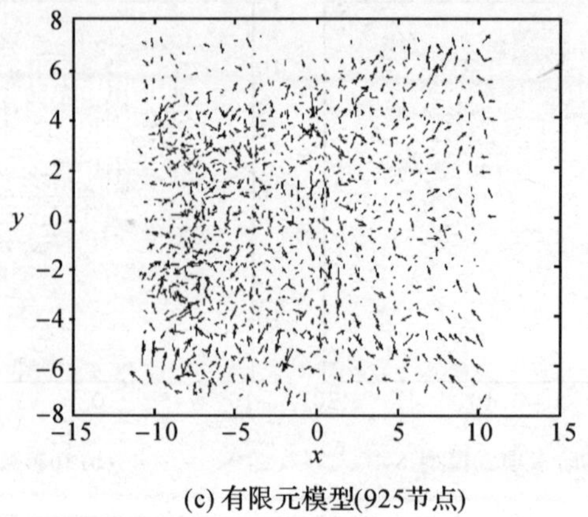

(c) 有限元模型(925节点)

图 3.24(续) 尼康 D2H 相机检校后的像点残差分布图

分析上述实验结果可得如下结论:

(1)从检校后的像点坐标残差值可以看出:有限元模型检校效果最好,一般多选式模型次之,10 参数模型检校效果最差;经有限元模型检校后,INCA3 相机的像点坐标残差最小;尼康 D2H 相机次之,佳能 5D Mark Ⅱ相机像点坐标残差最大。

(2)从像点坐标残差分布图可以看出:INCA3 相机经多项式模型和 10 参数模型检校后的像点坐标残差分布仍有明显的规律性,且不同像片上的残差分布规律基本一致,而经有限元检校后的残差基本呈随机性分布;佳能 5D Mark Ⅱ相机经三种模型检校后的像点坐标残差分布都具有规律性,但不同像片的分布规律略有不同;尼康 D2H 相机经三种模型检校后的像点坐标残差分布都呈随机性分布。

3.4 数码相机组合检校

3.3 节的检校实验表明,应用最为广泛的 10 参数相机畸变模型的检校效果并不理想。本节将对这一现象进行分析,并提出一种 10 参数模型与有限元模型相结合的相机组合检校方法。

3.4.1 整体规律性畸变与局部规律性畸变

如前所述,10 参数模型是一种物理模型,每一个畸变参数都具有明确的物理含义,如镜头形状不规则引起的径向畸变、镜头器件光学中心不共线引起的偏心畸变等。从 10 参数模型的表达式可以看出,该模型假设畸变差在整个像平面内具有整体规律性,即可以用一个简单的二元函数予以表示。

但在实际成像过程中，除整体规律性畸变外，还可能存在局部规律性畸变，如像平面不平引起的畸变、镜头局部瑕疵引起的畸变等。该类畸变在局部范围内分布具有一定规律，但无法用整个像平面内的二元函数表示，其导致的结果即为 10 参数模型检校后的像点坐标残差分布仍呈现出一种复杂的规律性，如图 3.22(b) 所示。

一般多项式模型的检校效果优于 10 参数模型，也可验证局部规律性畸变差的存在。众所周知，任一连续函数都可用多项式无限趋近，因此，理论上只要多项式的阶数足够大，就可较完整地补偿局部规律性畸变差。但当多项式阶数过大时，误差方程式通常会呈现病态，导致解不稳定甚至无法求解。因此，一般多项式模型也不适合于相机的精确检校。

作为一种离散非线性函数，有限元模型可以较好地顾及畸变差的局部变化，因此其检校效果最好。但该模型也存在缺点，即包含的畸变值参数过多，难以对相机进行实时自检校。以 925 个节点的有限元模型为例，仅畸变值参数就多达 1 850 (925×2)个。

相机的局部规律性畸变通常较为稳定，但随着测量环境的不同和时间的变化，整体规律性畸变不可避免地会发生变化，如热胀冷缩、镜头倾斜、影像传感器微小偏移等。因此，要使相机始终保持较高的精度，除补偿局部规律性畸变外，必须在每次测量中都对其进行自检校，而仅用有限元模型显然难以完成。

综上考虑，本书提出一种基于有限元模型和 10 参数模型的组合检校方法，利用有限元模型补偿相对稳定的局部规律性相机畸变，采用事先检校的方式确定有限元模型各节点处的畸变差；利用 10 参数模型作为附加参数，进行自检校光束法平差，以补偿随时变化的整体规律性畸变差。

3.4.2　相机组合检校方法

由于两类畸变模型之间存在强相关性，因而不能将其列入同一误差方程中进行解算。本书将两类模型分离，先利用 10 参数模型进行自检校，再利用有限元模型补偿剩余系统误差，可有效克服二者之间的相关性。具体过程如下：

(1)计算初值。相机主距初值设为标称值，主点位置及畸变参数初值均为 0。经图像处理、像片概略定向、像点匹配后得到像点坐标以及标志点坐标和摄站参数的初值。

(2)利用 10 参数模型进行自检校光束法平差，得到各类参数准确值。

(3)利用各像点剩余坐标残差平差计算有限元模型各节点畸变值，并改正各像点坐标观测值。

(4)重复步骤(2)～(3)，直至各节点畸变值变化量小于给定阈值。

表 3.4 为采用 3.3.4 小节中数据对三款相机进行组合检校后的像点坐标残

差，图 3.25 为残差分布图。

表 3.4 组合检校后的像点坐标残差

节点数	INCA3/μm	5D MarkⅡ/μm	D2H/μm
4×3=12	0.77	0.96	0.52
13×9=117	0.34	0.63	0.50
21×15=315	0.26	0.60	0.49
31×21=651	0.24	0.59	0.49
37×25=925	0.22	0.59	0.48

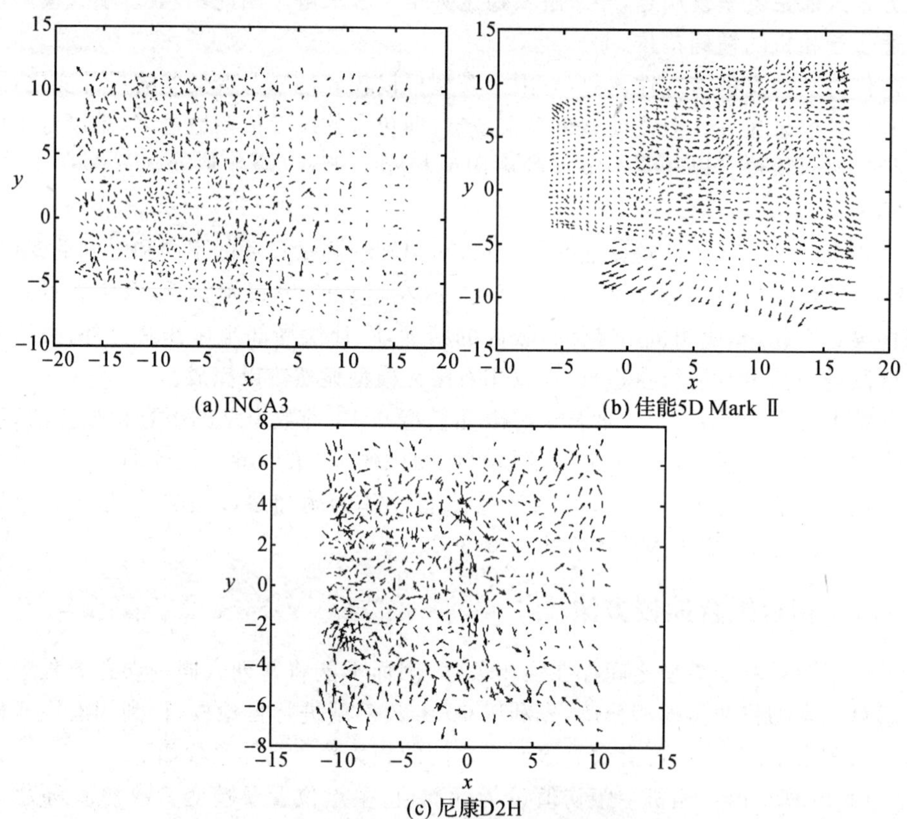

图 3.25 组合检校后的像点坐标残差分布图

对比图 3.25 与图 3.22、图 3.23、图 3.24 可以看出，组合检校的效果略优于有限元模型检校。同时，在计算有限元模型时，由于仅利用像点坐标残差即可直接计算有限元各节点处的畸变差，不需额外增加畸变连续、平滑等约束条件，计算过程更为简单、快捷。检校得到的有限元模型可作为固定的畸变差补偿模型，在每次测量中直接对像点坐标予以改正；10 参数模型则作为光束法平差中的附加参数，对相机整体规律性畸变进行实时检校。

佳能 5D 相机不同像片上的像点坐标残差分布规律略有不同，其原因可能是该相机的机械结构不够稳定，从而导致畸变差在不同像片上的分布有所变化。尼康 D2H 相机的像点坐标残差呈随机性分布，且残差值较大，这与该相机的成像性能较低有关，如图 3.9(b)中所示的图像噪声。

3.5　本章小结

本章主要针对数码相机的影像传感器原理、主要性能指标及检校模型进行研究，主要内容如下：

(1)介绍了 CCD、CMOS 及科学级 CCD 等影像传感器的工作原理、主要特点，分析了 CCD 与 CMOS 的成像性能差异。

(2)分析了相机影响测量精度的主要因素，包括分辨率、成像噪声、畸变差、结构稳定性及彩色成像机理等。

(3)介绍了三种常用的相机畸变模型：一般多项式模型、10 参数模型和有限元模型，通过对 3 款相机的检校实验分析了各模型的特点和检校效果。

(4)提出了两类相机畸变差：整体规律性畸变差和局部规律性畸变差，分析了其各自的特点；提出了基于有限元模型和 10 参数模型的数码相机组合检校方法，有效补偿了相机系统性误差，解决了对相机进行精确自检校的问题。

第4章 标志图像中心坐标提取

数字影像传感器利用数字图像取代了传统的胶片式像片，使得摄影测量自动化成为可能。在航空摄影测量中，一般利用特征提取算法找出各种自然地物特征作为像点，并采用各种定位算子实现像点坐标的“子像素”级定位（张祖勋 等，1997）。而在数字工业摄影测量中，回光反射标志使图像内容变得异常简单：仅有亮度对比明显的标志和背景，从而更加有利于标志点的快速提取和高精度定位。

本章将针对回光反射标志图像中心坐标提取算法进行研究。首先，介绍常用的标志识别和中心定位算法，并提出一种基于边界搜索的标志点提取算法；然后，利用标志仿真图像验证椭圆拟合法和灰度加权质心法的定位精度；最后，分析椭圆偏心差对像点坐标的影响，并据此给出针对不同形状测量目标的标志布设和摄影原则。

4.1 常用标志图像识别及中心定位算法

与自然目标相比，利用回光反射材料制作的人工标志点在环形闪光灯照射下所成图像具有其自身的特点：

(1)反光标志一般为圆形，其图像为圆形（垂直摄影）或椭圆形（倾斜摄影）。

(2)标志图像与背景的亮度对比明显，即“准二值”图像。

(3)所有标志图像的灰度分布规律（纹理特征）基本一致。

针对回光反射标志图像的这些特点，在提取像点坐标时通常先利用各种识别算法从图像中找出标志点，然后利用中心定位算法确定其中心坐标。在数字工业摄影测量中，常用的标志图像识别算法有Canny算子边缘检测法、定向行扫描法、递归填充法、形态学方法等（SHORTIS et al，1994；OTEPKA et al，2002；吴纪国，2005；范生宏，2006；卢成静，2008）；常用的标志图像中心定位算法有灰度加权质心法、椭圆拟合法、模板匹配法等（CLARKE，1994；SHORTIS et al，1994；SHORTIS et al，1995a；CLARKE et al，1998；OTEPKA et al，2002；刘亚威，2003；OTEPKA，2004；ANCHINI et al，2007）。

本节将分析回光反射标志图像的灰度分布规律，介绍Canny算子边缘检测和形态学两种标志识别算法，以及椭圆拟合法和灰度加权质心法两种标志图像中心定位算法，并从理论上分析椭圆偏心差的特点。

4.1.1　标志图像灰度分布规律

根据透镜成像原理，若焦距 f、物距 u_0 和像距 v_0 满足

$$\frac{1}{f}=\frac{1}{u_0}+\frac{1}{v_0} \tag{4.1}$$

则点光源成像为一个清晰的光点；否则，成像为一个半径为 r_s 的圆斑，如图 4.1 所示。这一过程称为图像散焦退化(defocusing)，点光源成像的圆斑称为弥散圆(dispersive spot)(田涛 等，2001；王强 等，2001；肖永利 等，2001；章权兵 等，2009)。

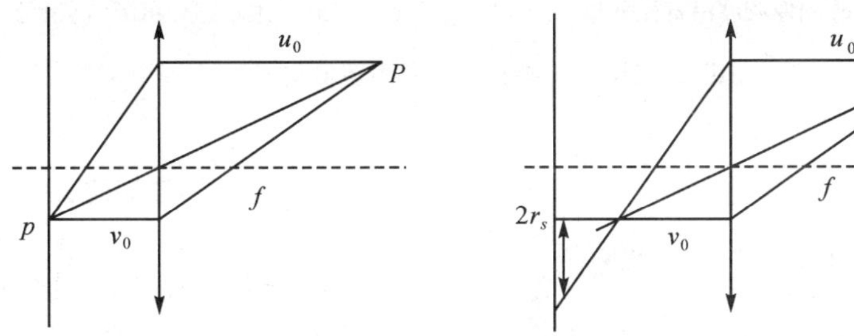

图 4.1　透镜成像示意图

为保证影像清晰度，弥散圆的直径应限制在一定范围内，称为临界直径。不同相机的临界直径取值不同，如 135 相机为 0.033 mm，120 相机 6×6 画幅为 0.055 mm，120 相机 6×7 画幅为 0.07 mm(钱元凯，2007；于思源 等，2007)。

受散焦退化影响，回光反射标志的图像没有清晰的边界，灰度值从标志中心向四周逐渐降低。当标志图像较小、包含像素数较少时，其灰度分布基本满足正态分布，如图 4.2 所示。当标志图像较大、包含像素数较多时，图像中心部分的灰度值基本相同，形成一个圆形(或椭圆形)平顶，此时其灰度分布基本满足正态累积分布(cumulative gaussian distribution)，如图 4.3 所示。

(a) 标志图像

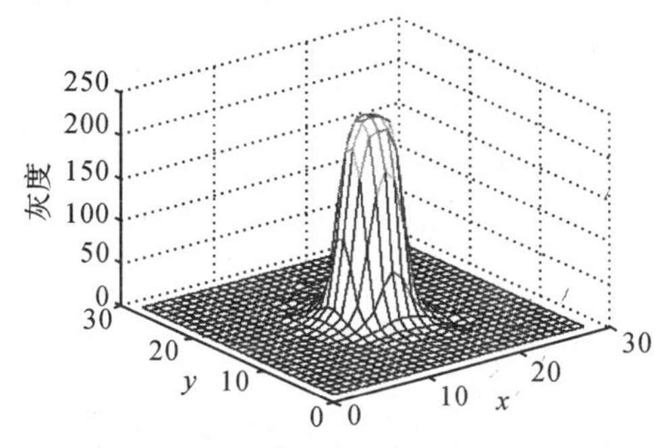

(b) 图像灰度二维分布

图 4.2　正态分布的标志图像灰度

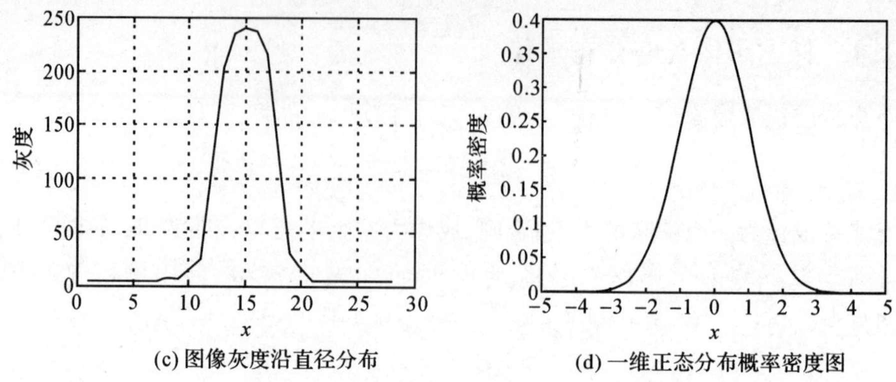

(c) 图像灰度沿直径分布　　(d) 一维正态分布概率密度图

图 4.2(续)　正态分布的标志图像灰度

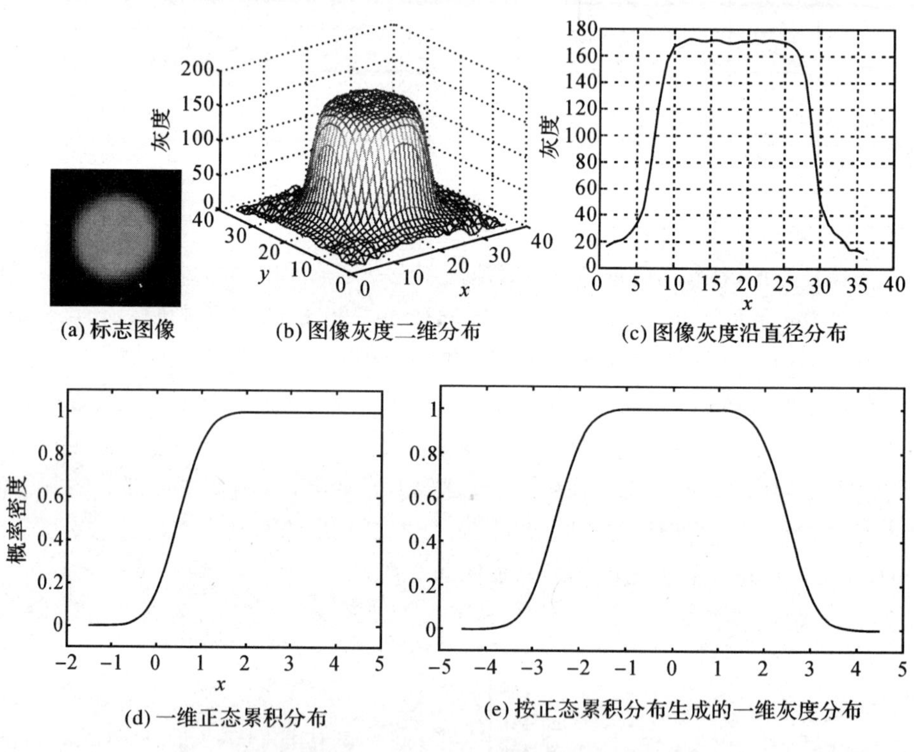

(a) 标志图像　(b) 图像灰度二维分布　(c) 图像灰度沿直径分布

(d) 一维正态累积分布　(e) 按正态累积分布生成的一维灰度分布

图 4.3　正态累积分布的标志图像灰度

4.1.2　标志图像识别算法

标志图像识别的目的是从整幅图像中识别测量标志，并确定各标志包含的像素，是进行标志中心定位的前提。由于回光反射标志图像是封闭的圆形或椭圆形，一般先采用各种边缘检测算法寻找其边缘像素，进而确定整个标志包含的所有像素。为避免虚假标志，在识别完成后，通常需对标志进行各种几何、灰度检验，判断其是否符合圆形或椭圆形标志图像特点。

1. Canny 算子边缘检测法

Canny 算子由约翰·坎尼(John Canny)于 1983 年提出，是一种多尺度空间边缘检测算法(CANNY，1983；马颂德 等，1998)。由于 Canny 算子产生单像素边缘，且对噪声不太敏感，适合提取圆形人工标志图像边缘。Canny 算子检测边缘的过程如下：

(1)用标准差为 σ 的二维高斯滤波模板对图像进行滤波以抑制图像噪声。

(2)用导数算子(如 Prewitt 算子、Sobel 算子等)计算图像灰度沿两个方向的偏导数 G_x、G_y，并求出梯度的大小 $|G|$ 和方向角 θ，即

$$\left.\begin{aligned} |G| &= \sqrt{G_x^2+G_y^2} \\ \theta &= \arctan\left(\frac{G_x}{G_y}\right) \end{aligned}\right\} \tag{4.2}$$

(3)把边缘的梯度方向大致分为四种(水平、竖直、45°方向、135°方向)，在各方向与邻近像素进行比较，以决定局部极大值。若某个像素的灰度值与其梯度方向上前后两个像素的灰度值相比不是最大的，则像素值置为 0，即不是边缘。这一过程称为“非极大抑制”。

(4)使用累积直方图计算两个灰度阈值 h_1 和 h_2，$h_1>h_2$。所有灰度大于高阈值 h_1 的一定是边缘；所有灰度小于低阈值 h_2 的一定不是边缘；如果检测结果介于 h_1 和 h_2 之间，再判断该像素的邻接像素中是否有灰度超过高阈值的边缘像素，若有，则是边缘，否则不是边缘。

Canny 算子的检测效果主要由三个参数决定：高斯滤波标准差 σ、灰度阈值 h_1 和 h_2。σ 越大，则算法受噪声影响越小，但对图像的平滑越严重，标志边缘越模糊，边缘检测的准确性越低。灰度阈值 h_1 决定检测起始像素，h_1 越小，保留的边缘像素越多，但同时也会使错误边缘增多。灰度阈值 h_2 检测终止像素，h_2 越小，保留的边缘像素越多，边缘越连续(OTEPKA et al，2002；范生宏，2006)。

不同 σ 对应的边缘检测效果如图 4.4 所示，其中，图 4.4(a)为原始图像，图 4.4(b)和图 4.4(c)分别为 $\sigma=1$ 和 $\sigma=2$ 的 Canny 算子边缘检测结果。

经 Canny 算子检测后的图像是由离散的标志边缘像素和噪声组成的二值图像，需再利用边缘跟踪算法或边界闭合算法得到封闭的标志边缘，并通过标志检验剔除虚假的标志边缘(章毓晋，1999；范生宏，2006)。

2. 形态学方法

数学形态学(mathematical morphology)是一种非线性图像处理方法，由马瑟荣(G. Matheron)和赛拉(J. Serra)于 1964 年提出，其基本思想是用具有一定形态的结构元素去度量和提取图像中对应的形状，以实现图像分析和目标识别(崔

屹,2000)。基于形态学的边缘信息提取对噪声的敏感程度比微分算法低,可以通过改变结构元素和形态尺度的大小来克服噪声的影响,且计算量较小。

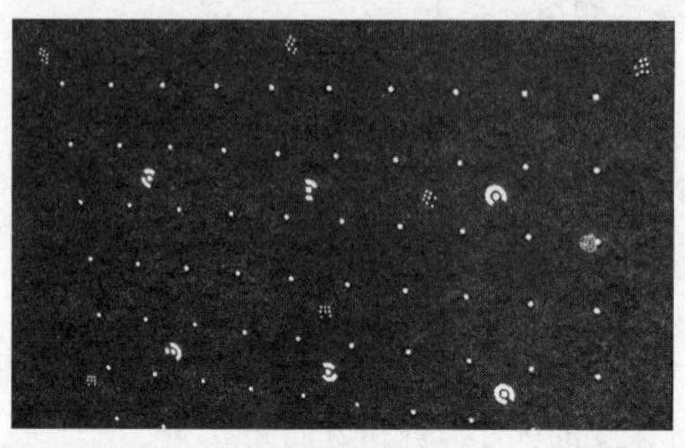

(a) 原始图像

(b) 当σ=1时, Canny算子边缘检测结果

(c) 当σ=2时, Canny算子边缘检测结果

图 4.4 不同 σ 对应的 Canny 算子边缘检测结果

腐蚀(erosion)和膨胀(dilation)是数学形态学的两种基本变换。设一幅灰度图像 $I(x,y)$,$(x,y)\in D_f$,其中(x,y)为图像上像素的坐标,D_f 为图像 I 的定义域;结构元素 $B(i,j)$,$(i,j)\in D_b$,其中 D_b 为结构元素的定义域。用结构元素 B 对灰度影像 I 进行腐蚀与膨胀定义为

$$\left.\begin{aligned}(I \textcircled{1} B)(x,y)&=\min\{I(x+i,y+j)+B(i,j)\mid(x+i,y+j)\in D_f;(i,j)\in D_b\}\\(I\oplus B)(x,y)&=\max\{I(x-i,y-j)+B(i,j)\mid(x-i,y-j)\in D_f;(i,j)\in D_b\}\end{aligned}\right\}\tag{4.3}$$

在二值图像中,用原始图像减去腐蚀后的图像即可得到图像边界。提取圆形标志图像边缘时,首先要利用灰度阈值对图像进行二值化处理,然后采用形态学边界提取方法对二值图像进行边缘提取。利用结构元素为 3×3 的十字形,便可以得到边缘图像,如图 4.5 所示,基于数学形态学的标志图像边缘提取实际效果如图 4.6 所示(卢成静 等,2008b)。

与 Canny 算子不同,形态学方法检测出的边缘像素是连续、封闭的,因而只需使用简单的邻域搜索方法即可得到各个标志的边界,进而找到其包含的所有像素。

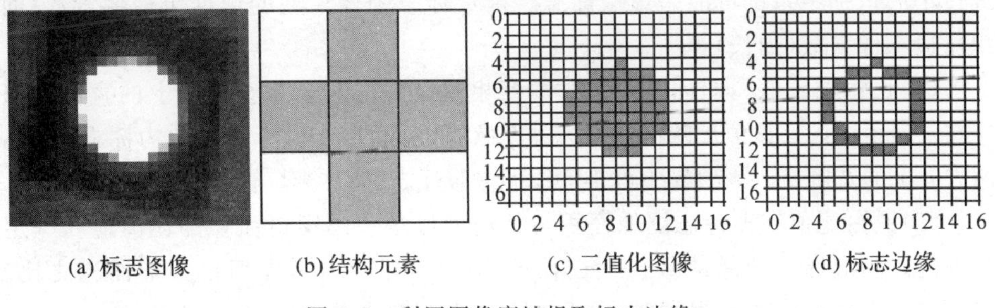

(a) 标志图像　(b) 结构元素　(c) 二值化图像　(d) 标志边缘

图 4.5　利用图像腐蚀提取标志边缘

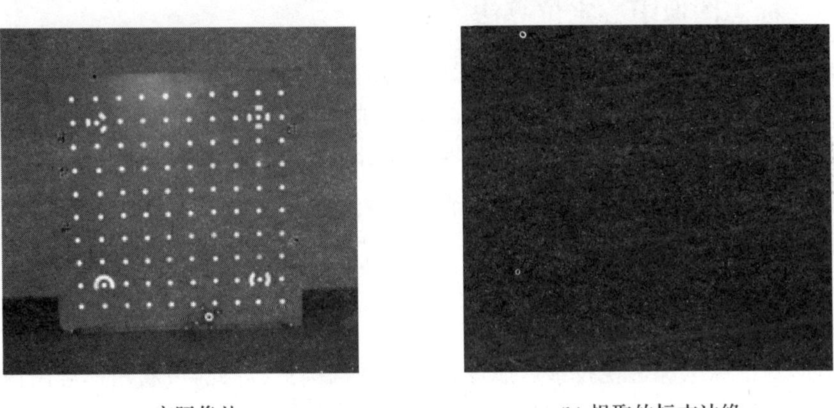

(a) 实际像片　(b) 提取的标志边缘

图 4.6　标志边缘提取效果图

3. 标志检验

图像中除正常的测量标志外，可能还包含一些灰度值较高的非标志区域，即虚假标志，如背景灯光、玻璃碎片的反射、标签的反射等。任何一种识别算法都不可避免地识别出虚假标志，因此，在中心定位之前需先对其进行检验，以排除错误或成像质量较差的标志。对标志图像的检验通常依据圆形或椭圆形标志图像的特点，从灰度和几何形状两方面予以检验(SHORTIS et al，1994；OTEPKA et al，2002)。

(1) 平均灰度值。即计算标志包含的所有像素灰度的平均值，判断其是否小于给定的最低灰度阈值，若小于该阈值，则为虚假标志。该项检验可排除灰度较低的虚假标志，包括曝光不足的测量标志(其中心定位精度较低)。

(2) 过度曝光。即判断标志中是否包含灰度值为 255 的像素，若有，则表明该标志可能曝光过度，会影响其中心定位精度，故应予以排除。

(3) 标志尺寸。在测量中，回光反射标志和像素的尺寸是固定的，摄影距离一般也控制在一定范围内。因此，真实测量标志的图像尺寸也应在一定范围内，过大或过小的识别结果都可能是虚假标志。衡量标志图像尺寸的依据包括像素数(面积)、边缘像素数(周长)等。

(4)长短轴比值。即标志图像在宽度相差最大的两个垂直方向上的宽度比值应在一定范围内。该值反映椭圆形标志图像的长、短半轴比值,可简化为标志在 x、y 两方向上的宽度比。该项检验可排除线形虚假标志,如日光灯管、反光的胶带等。

(5)黑白比值。即标志图像面积与其矩形最小包围窗口面积的比值应在一定范围内。圆形标志图像的最佳黑白比值为 $\pi/4$,即圆与其外切正方形面积之比。该值与长短轴比值的作用类似,用于排除形状不符的虚假标志。

4.1.3 标志图像中心定位算法

标志图像中心定位即利用标志包含的像素确定标志中心在像平面坐标系内的坐标。标志图像中心定位算法有多种,如椭圆拟合法、灰度加权质心法、高斯(累积)分布拟合法、最小二乘模板匹配法等。其中,椭圆拟合法只利用边缘像素的位置信息通过拟合椭圆方程确定标志图像中心,其余算法则基于标志内所有像素的位置信息和灰度信息(SHORTIS et al,1994;SHORTIS et al,1995a;CLARKE et al,1998)。

1.椭圆拟合法

圆形测量标志经透视投影后成像为圆形或椭圆形,因此,可利用标志图像边缘像素拟合出椭圆方程,进而得到椭圆中心坐标。

椭圆在平面内的一般方程为

$$x^2+2Bxy+Cy^2+2Dx+2Ey+F=0 \tag{4.4}$$

式中,(x,y)为椭圆的中心点坐标,B、C、D、E 和 F 为椭圆方程的 5 个参数。通过椭圆拟合可求得椭圆方程的 5 个参数,则椭圆中心坐标(x_0,y_0)可由下式得到,即

$$\left.\begin{aligned} x_0&=\frac{BE-CD}{C-B^2}\\ y_0&=\frac{BD-E}{C-B^2}\end{aligned}\right\} \tag{4.5}$$

为避免错误的边缘像素降低定位精度,可在椭圆拟合后计算每个边缘像素的误差,剔除误差较大的像素,再利用剩余像素进行二次拟合,如此迭代进行,直至所有像素的误差均小于给定阈值。

由于仅有边缘像素参与计算,椭圆拟合法通常要求标志图像的尺寸足够大(通常为数十个像素),以保证拟合精度(范生宏,2006)。

2.灰度加权质心法

质心法是对图像中的圆、椭圆和矩形等中心对称目标进行高精度定位的常用算法。所谓灰度加权质心法,即以像素的灰度值为权,计算标志图像内所有像素坐

标的加权平均值，计算公式为

$$\left.\begin{aligned} x_0 &= \frac{\sum\limits_{(i,j)\in S} iW_{i,j}}{\sum\limits_{(i,j)\in S} W_{i,j}} \\ y_0 &= \frac{\sum\limits_{(i,j)\in S} jW_{i,j}}{\sum\limits_{(i,j)\in S} W_{i,j}} \end{aligned}\right\} \tag{4.6}$$

式中，(x_0, y_0)为标志点中心坐标，$W_{i,j}$为权值，即像素(i,j)的灰度值，S为标志图像区域。

作为权值，标志图像各像素的灰度值对定位精度影响很大，因此，该算法对标志成像质量的要求较高。尤其当标志图像较小时，应将噪声控制在较低的范围内，否则会严重影响定位精度。

4.2　基于边界搜索的像点坐标提取

在标志图像识别过程中，Canny 算子边缘检测法和形态学方法都是首先计算出包含所有标志边缘像素的二值化图像，然后再用边界追踪方法得到各标志所包含的边缘和内部像素。本节将提出一种利用边界搜索方法直接获得各标志包含的所有像素的标志图像识别新算法；在此基础上，利用灰度阈值抑制噪声的影响，并采用灰度加权质心法实现标志图像中心的准确定位。

4.2.1　标志图像识别算法

边界搜索的基本思想是：先找到标志点内灰度值最大的像素，然后从该像素出发，向周围各方向搜索标志点边界，从而确定其包含的所有像素。

为便于描述，将像素 $p_{i,j}$ 的灰度值记为 $g_{i,j}$，并定义像素 $p_{i,j}$ 沿某一方向的灰度梯度 $g'_{i,j}$ 为此像素与该方向下一像素的灰度之差，如像素 $p_{i,j}$ 沿左方向的灰度梯度 $g'_{i,j}= g_{i,j}-g_{i,j-1}$，沿右上方的灰度梯度 $g'_{i,j}= g_{i,j+1}-g_{i,j+1}$。

以图 4.7 所示标志点为例，介绍其识别过程。

(1)给定边界灰度梯度阈值 ε_1，自上而下逐行计算每一像素 $p_{i,j}$ 沿左方向的灰度梯度 $g'_{i,j}$。若 $g'_{i,j}\geqslant\varepsilon_1$，则认为像素 $p_{i,j}$ 为标志点内的像素，称为起始像素。对示例标志点，若 $\varepsilon_1=5$，则起始像素为 $p_{6,8}$，如图 4.8(a)所示。

(2)从起始像素出发，依次搜索与其相邻的最大灰度像素，最终找到整个标志点内灰度最大的像素 $p_{12,8}$，称为中心像素，如图 4.8(b)所示。

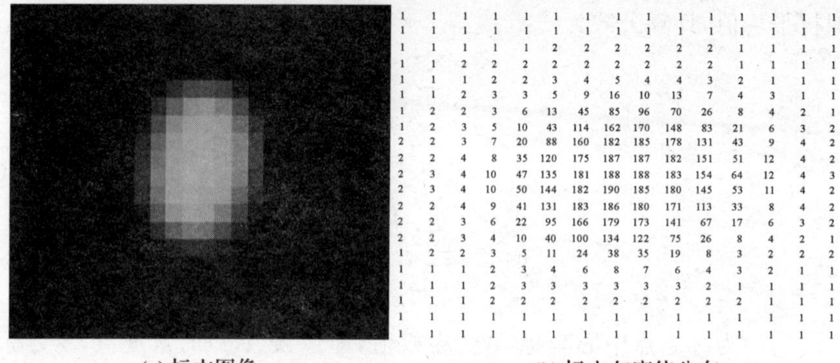

(a) 标志图像　　(b) 标志灰度值分布

图 4.7　待识别标志点示例

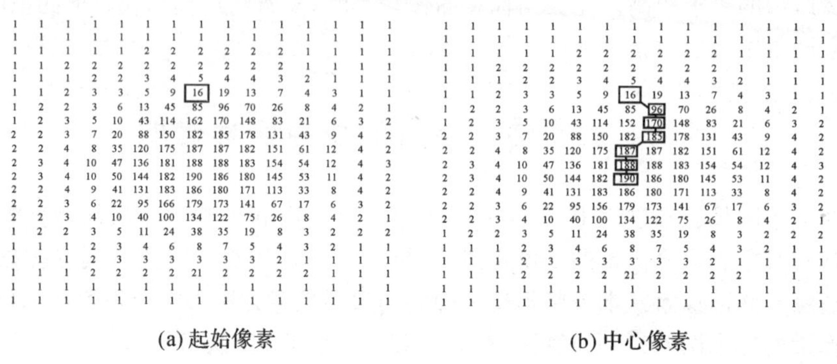

(a) 起始像素　　(b) 中心像素

图 4.8　起始像素和中心像素

(3)给定最低灰度阈值 ε_2，从中心像素开始，逐一计算四个对角线方向各像素沿该方向的灰度梯度 $g'_{i,j}$。若某像素的灰度及灰度梯度分别满足 $g_{i,j}<\varepsilon_2$、$g'_{i,j}<\varepsilon_1$，则该像素为边界像素(不包含在标志点内)，其与中心像素之间的所有像素均属于该标志点，如图 4.9(a)所示($\varepsilon_2=15$)。

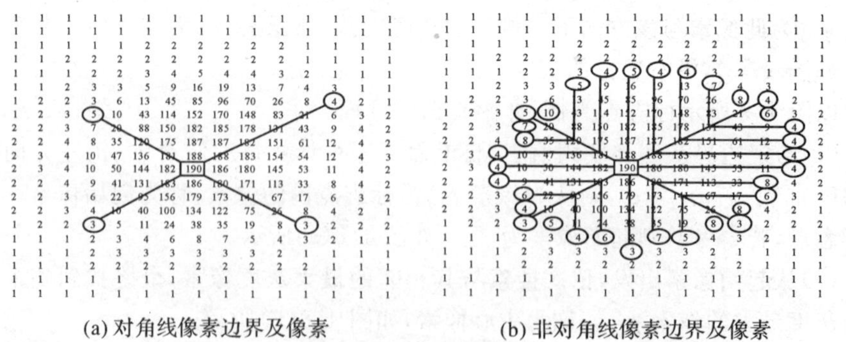

(a) 对角线像素边界及像素　　(b) 非对角线像素边界及像素

图 4.9　边界搜索过程

(4)同样,按照(3)中的灰度及灰度梯度条件,从中心像素开始,沿上、下、左、右四个方向寻找边界像素;再从每个对角线像素开始,沿其对应两个方向搜索边界像素,如从左上对角线像素向左、向上搜索,从右下对角线像素向右、向下搜索,如图 4.9(b)所示。至此,得到整个标志点包含的所有像素,如图 4.10 所示。

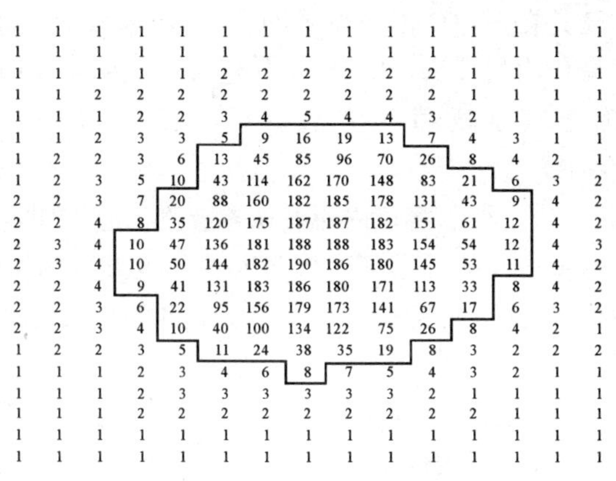

1	1	1	1	1	1	1	1	1	1	1	1	1	1	1
1	1	1	1	1	1	1	1	1	1	1	1	1	1	1
1	1	1	1	1	2	2	2	2	2	2	1	1	1	1
1	1	2	2	2	2	2	2	2	2	2	1	1	1	1
1	1	1	2	2	3	4	5	4	4	3	2	1	1	1
1	1	2	3	3	5	9	16	19	13	7	4	3	1	1
1	2	2	3	6	13	45	85	96	70	26	8	4	2	1
1	2	3	5	10	43	114	162	170	148	83	21	6	3	2
2	2	3	7	20	88	160	182	185	178	131	43	9	4	2
2	2	4	8	35	120	175	187	187	182	151	61	12	4	2
2	3	4	10	47	136	181	188	188	183	154	54	12	4	3
2	3	4	10	50	144	182	190	186	180	145	53	11	4	2
2	2	4	9	41	131	183	186	180	171	113	33	8	4	2
2	2	3	6	22	95	156	179	173	141	67	17	6	3	2
2	2	3	4	10	40	100	134	122	75	26	8	4	2	1
1	2	2	3	5	11	24	38	35	19	8	3	2	2	2
1	1	1	2	3	4	6	8	7	5	4	3	2	1	1
1	1	1	2	3	3	3	3	3	3	2	1	1	1	1
1	1	1	2	2	2	2	2	2	2	2	2	1	1	1
1	1	1	1	1	1	1	1	1	1	1	1	1	1	1
1	1	1	1	1	1	1	1	1	1	1	1	1	1	1

图 4.10　标志点包含的所有像素

(5)对识别出的各标志图像进行几何、灰度检验,去除不符合检验条件的虚假标志。

4.2.2　标志图像中心定位

理想情况下,回光反射标志在闪光灯照射下所成图像应是标志灰度值较高、背景灰度值为 0 的"准二值"图像。但受环境光照、电子效应以及影像传感器成像噪声等因素的影响,图像中一般都存在背景噪声(背景图像)。在利用灰度加权质心法进行标志图像中心定位时,背景噪声会影响权值的准确性,进而降低定位精度。因此,在计算标志图像中心坐标之前,应将标志图像中各像素的灰度值减去一定的阈值,以消除背景噪声的影响,如图 4.11 所示(SHORTIS et al,1994;SHORTIS et al,1995a)。

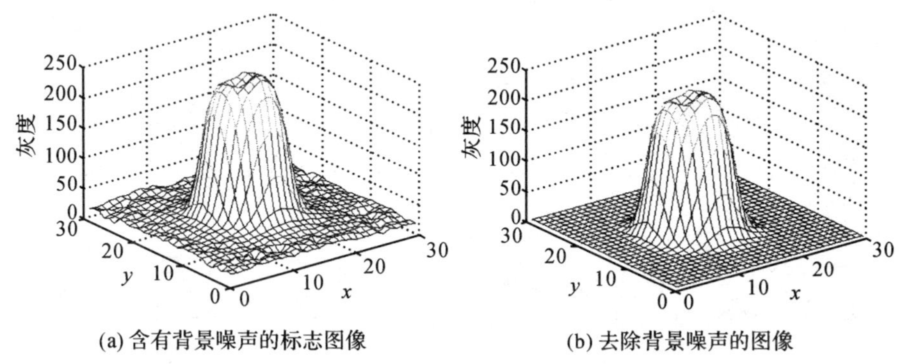

(a) 含有背景噪声的标志图像　　(b) 去除背景噪声的图像

图 4.11　消除背景噪声前后的标志图像灰度分布

灰度阈值选择恰当与否将直接影响像点坐标精度。阈值过大，会在去除背景噪声的同时损失部分标志边缘信息，进而降低标志中心定位精度；阈值过小，则不能彻底消除背景噪声，同样会降低定位精度。

灰度阈值最简单的确定方法是对图像中所有标志设置同一个阈值，但该方法无法顾及背景噪声随其在图像内不同位置的变化，效果较差。较为合理的方法是利用标志所在局部窗口内的像素，动态确定各标志对应的灰度阈值。

常用的动态确定灰度阈值的方法有以下几种（SHORTIS et al，1994；SHORTIS et al，1995a）：

（1）灰度直方图方法。绘制窗口内所有像素灰度的直方图，取背景图像灰度峰值与标志图像灰度峰值之间的谷底灰度作为阈值。该方法确定的阈值最准确，但计算量较大。为简化计算，可将窗口内所有像素灰度的均值与最小值取平均，以此作为阈值。

（2）统计方法。该方法要求标志位于窗口中心，此时可认为窗口边缘像素即代表背景噪声。假设背景噪声灰度值服从正态分布，则可利用窗口边缘像素统计出噪声灰度的均值 μ 和标准差 σ。灰度阈值可取为 $\mu+k\sigma$，k 为比例系数，一般最小值取为 3。

（3）加常数方法。该方法同样要求标志位于窗口中心，灰度阈值取窗口边缘像素最大灰度值与一个固定常数之和，常数值一般取为 5。

（4）比例阈值法。该方法假设背景图像灰度与场景整体亮度线性相关。灰度阈值取为窗口内最大灰度值与最小灰度值之差乘以一定比例，比例系数一般取为 15%。

标志内各像素的灰度值减去阈值后，即可将其作为权值，利用式（4.6）通过灰度加权质心法计算标志图像中心坐标。

4.2.3　性能分析与结论

（1）标志识别率及准确性。图 4.12 为 INCA3 相机拍摄的两幅图像的像点坐标提取结果，从图中可以看出，该算法能够准确识别出测量标志点；在背景图像较复杂的区域识别出个别虚假标志，但数量有限，对后续数据处理不会产生太大影响。

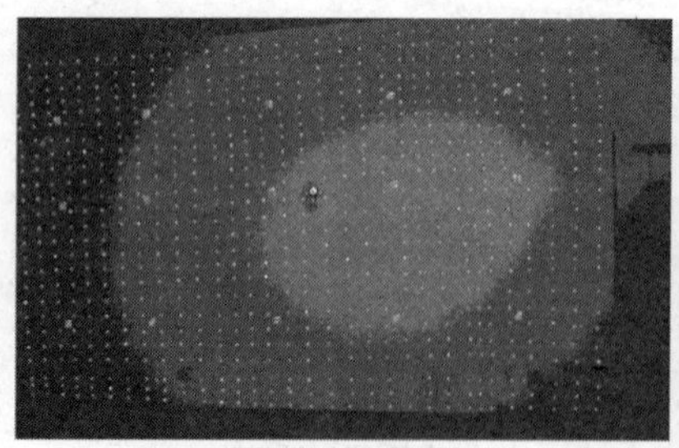
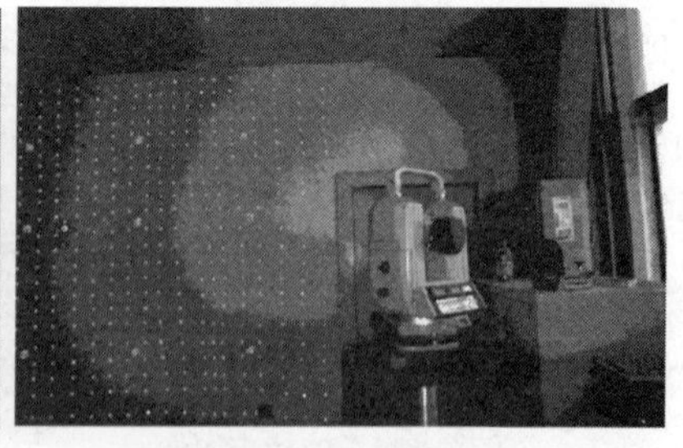

图 4.12　INCA3 像点坐标提取结果

(2)像点坐标提取精度。在 3.4 节中用于相机检校的像点坐标即采用该算法提取。从 INCA3 相机检校结果看，检校后像点坐标残差为 0.22 μm，考虑到相机畸变不可能完全消除，可以认定像点坐标提取的精度优于 0.22 μm(0.022 像素)。佳能 5D 相机和尼康 D2H 相机检校后的像点坐标残差较大，部分原因可能是像点坐标提取的精度不高，而导致这一结果的原因是成像质量较差，图像中的噪声对定位精度造成影响。后文中将对坐标提取精度予以详细分析。

(3)计算速度。统计 3.4 节中 INCA3 相机所有图像的像点坐标提取计算时间与标志个数间的关系如图 4.13 所示。可以看出，计算时间大致随标志数量的增多而增加，但每幅图像的处理时间都在 1 s 左右，完全满足测量数据现场处理要求。当然，图像分辨率、背景图像的灰度等级及复杂程度等因素也会影响像点坐标提取算法的计算速度，高分辨率、成像质量较差图像的像点坐标提取时间较长。

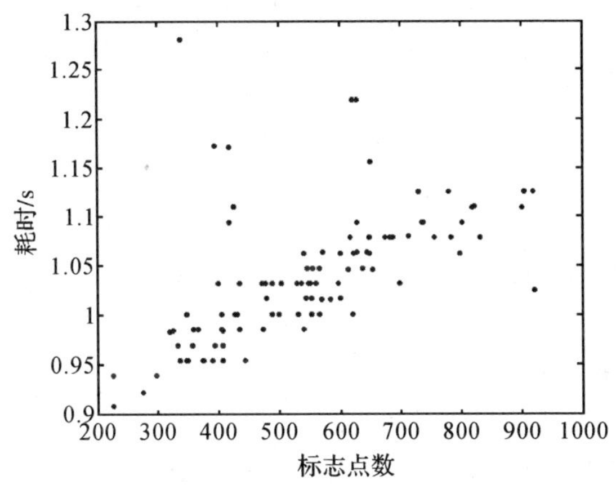

图 4.13　像点坐标提取耗时与标志点数间的关系图

综合上述分析可以看出，对成像质量较好的标志图像，基于边界搜索的像点坐标提取算法能够准确识别测量标志并精确确定其中心坐标，坐标提取精度优于 0.022像素，每幅图像的处理时间约为 1 s。由此表明，该算法具有识别准确、定位精确、计算快速等优点，满足数字工业摄影测量系统的要求。

4.3　标志图像中心定位精度仿真分析

对标志图像中心定位的精度进行分析是摄影测量的难点之一。由于标志图像中心理论位置无法准确预知，中心定位算法的精度一般只能通过光束法平差后的像点坐标残差进行间接评价。受相机畸变等干扰因素的影响，这种定位精度评价方法往往不准确。

本节将依据图像散焦退化模型模拟标志成像过程，生成标志的仿真图像，以验证中心定位算法的精度。由于中心坐标精确已知，且没有其他干扰因素影响，利用仿真图像能够客观地评价各类标志图像中心定位算法的精度。

4.3.1 标志成像过程仿真方法

如前所述，受散焦退化的影响，回光反射标志图像的灰度呈二维正态分布或二维正态累积分布。图像散焦退化模型主要有高斯散焦模型和均匀散焦模型两种(姚芳兵 等，2004；钟金辉 等，2009)，前者假定弥散斑的光能量分布呈二维正态(高斯)分布，从圆心向边缘逐渐减弱；后者则认为光能量在弥散圆内呈均匀分布。为简化起见，本书采用均匀散焦退化模型，此时可认为，像片上一个光点的能量由物方一个平行于像平面的圆形面光源提供(姚芳兵 等，2004)，如图 4.14 所示。

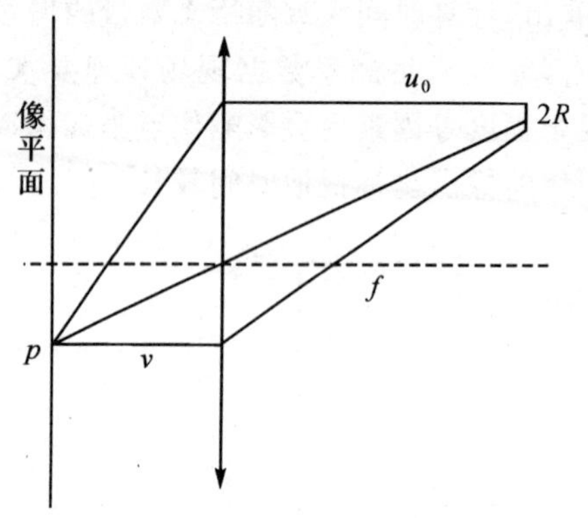

图 4.14 像片上光点对应的面光源

为便于计算，本书作如下假设：

(1)像平面与标志平面平行，即圆形标志仍成像为圆形。

(2)像素为圆形，其半径为 r_p，见图 4.15(a)。

(3)圆形标志内各点的光辐射度相同，标志外的光辐射度为 0。

由图像均匀散焦模型可知，影像传感器各像素接收的光能量由标志平面内的一个圆形区域提供，见图 4.15(b)，因此，各像素灰度值 g 正比于像素对应圆形区域与标志圆相交部分的面积 S，见图 4.15(c)。

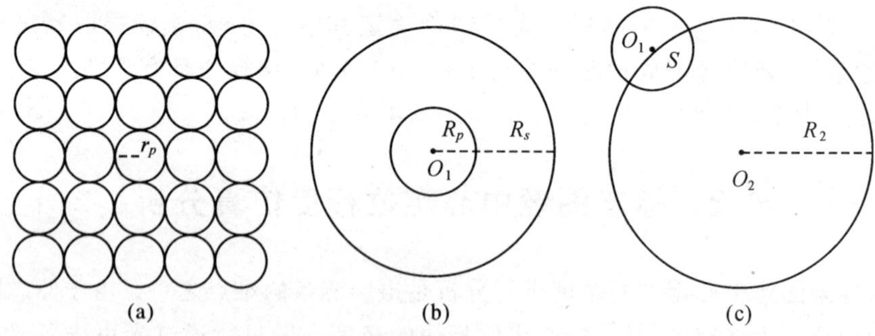

图 4.15 圆形像素灰度值的确定

记摄影比例尺为 k，则像素对应圆形区域的半径为

$$R_1 = R_p + R_s = \frac{(r_p + r_s)}{k} \tag{4.7}$$

当像片外方位元素已知时，利用共线条件方程可计算出各像素中心对应圆形区域中心 O_1 的坐标。结合标志中心 O_2 坐标、半径 R_2 即可得两圆相交部分面积 S。显然，当圆形区域 O_1 位于标志内部时，像素最大灰度值最大，记为 g_0，则各像素灰度值为

$$g = \frac{S}{\pi R_1^2} g_0 \tag{4.8}$$

采用上述方法进行标志点成像仿真，成像参数见表 4.1，所得图像如图 4.16 所示。选取 INCA3 相机拍摄的一个标志图像作为比对，如图 4.17 所示，图 4.18 为仿真图像和实拍图像沿标志直径方向的灰度变化情况。从图中可以看出，仿真图像的灰度分布规律比较接近真实图像，基本满足正态累积分布。

表 4.1　仿真参数

参数	参数值	参数	参数值
摄影比例尺 k	1∶150	标志半径 R_2/mm	7
像素半径 r_p/mm	0.005	最大灰度值 g_0	190
弥散圆半径 r_s/mm	0.010		

(a) 标志图像

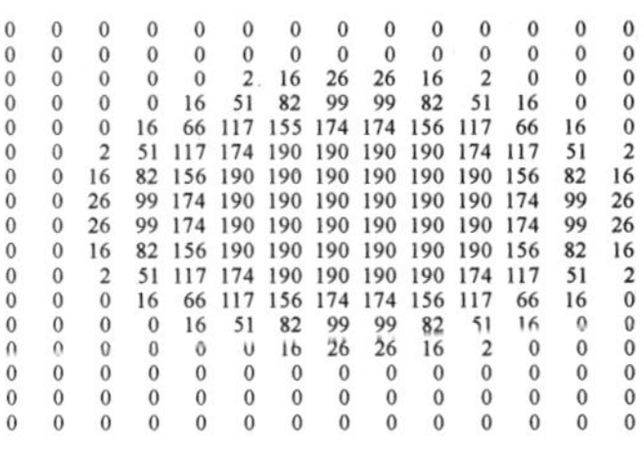

0	0	0	0	0	0	0	0	0	0	0	0	0	0	0	0
0	0	0	0	0	0	0	0	0	0	0	0	0	0	0	0
0	0	0	0	0	2	16	26	26	16	2	0	0	0	0	0
0	0	0	0	16	51	82	99	99	82	51	16	0	0	0	0
0	0	0	16	66	117	155	174	174	156	117	66	16	0	0	0
0	0	2	51	117	174	190	190	190	190	174	117	51	2	0	0
0	0	16	82	156	190	190	190	190	190	190	156	82	16	0	0
0	0	26	99	174	190	190	190	190	190	190	174	99	26	0	0
0	0	26	99	174	190	190	190	190	190	190	174	99	26	0	0
0	0	16	82	156	190	190	190	190	190	190	156	82	16	0	0
0	0	2	51	117	174	190	190	190	190	174	117	51	2	0	0
0	0	0	16	66	117	156	174	174	156	117	66	16	0	0	0
0	0	0	0	16	51	82	99	99	82	51	16	0	0	0	0
0	0	0	0	0	0	16	26	26	16	2	0	0	0	0	0
0	0	0	0	0	0	0	0	0	0	0	0	0	0	0	0
0	0	0	0	0	0	0	0	0	0	0	0	0	0	0	0
0	0	0	0	0	0	0	0	0	0	0	0	0	0	0	0

(b) 像素灰度值

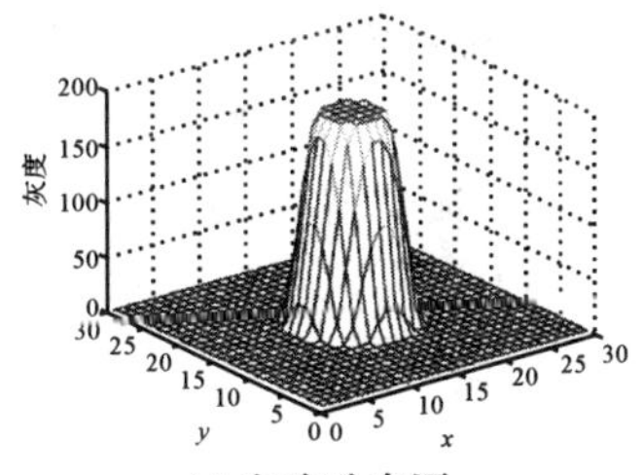

(c) 灰度分布图

图 4.16　仿真标志图像

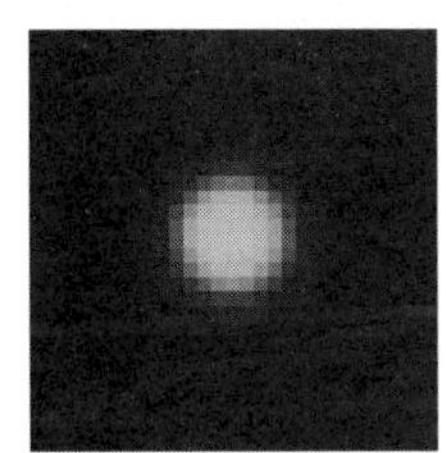

(a) 标志图像

15	16	15	16	16	16	15	16	16	15	16	16	15	16	16	15
12	12	12	12	16	19	18	18	19	18	16	15	16	17	15	16
16	16	16	18	17	22	23	23	23	23	19	18	16	15	15	16
12	16	18	22	25	30	38	42	38	30	26	22	17	16	16	16
15	17	19	25	40	76	109	124	113	74	36	27	21	18	15	16
15	19	23	38	90	154	178	183	178	148	87	36	23	20	15	15
15	20	28	64	146	185	191	193	190	181	140	62	28	21	19	15
15	22	31	86	170	191	194	192	190	186	165	84	30	21	18	16
15	21	31	89	174	191	195	195	192	188	166	89	31	21	17	16
15	20	29	70	151	188	193	190	187	185	149	71	29	19	16	16
12	18	24	43	108	169	185	183	180	160	107	43	24	18	16	16
12	17	21	27	50	98	137	149	135	97	48	27	21	18	15	12
17	15	18	24	27	36	51	60	52	35	27	22	18	16	12	12
12	12	16	18	20	23	25	25	24	24	20	15	15	12	16	16
11	12	12	17	16	17	18	19	18	16	11	12	12	11	12	12
5	7	12	12	12	12	12	12	12	11	12	11	12	12	12	12
12	12	11	12	12	12	12	12	12	12	12	11	12	12	15	16

(b) 像素灰度值

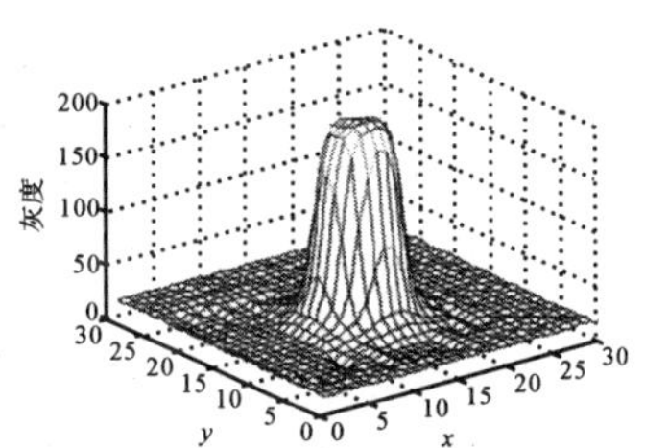

(c) 灰度分布图

图 4.17　INCA3 实拍标志图像

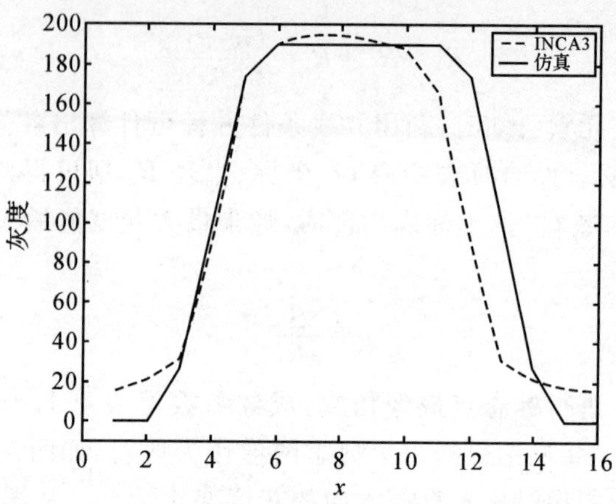

图 4.18　标志图像灰度沿直径方向的变化规律

4.3.2　定位算法精度分析

本书利用仿真图像分别验证灰度加权质心法和椭圆拟合法定位标志中心的精度。

椭圆拟合法中的边缘检测过程直接调用 OpenCV 函数库中的 Canny 算子(cvCanny)实现(刘兆甲 等,2007),函数中的低阈值(threshold1)、高阈值(threshold2)分别设为 50、150,高斯滤波标准差(aperture_size)设为 3(范生宏,2006)。

1. 标志图像中心位置对定位精度的影响

考虑圆形像素排列的对称性,将标志图像中心置于 1/4 像素区域内的不同位置,以生成位置不同的标志图像。如图 4.19 所示,标志中心 y 坐标分别取为 0、$r_p/2$ 和 r_p,$0 \leqslant x \leqslant r_p$,共计 63 个位置。

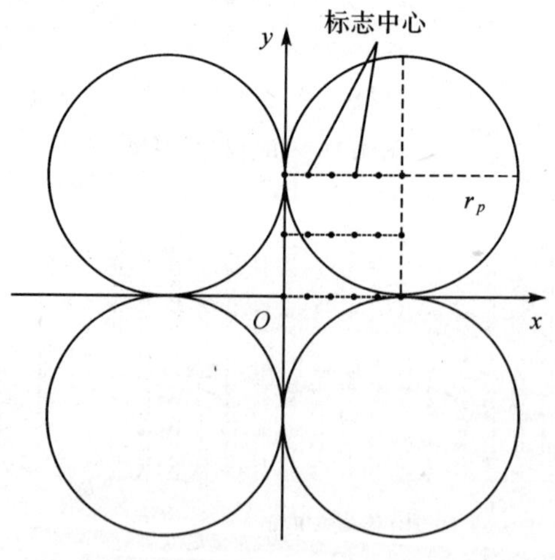

图 4.19　标志中心位置示意图

成像参数与表 4.1 一致，标志图像半径约为 4.7 像素。分别利用两种中心定位算法计算标志点图像中心坐标，定位误差见表 4.2，像点 x 坐标定位计算值与真值的关系见图 4.20。

表 4.2　标志位于不同位置处的中心定位误差

序号	真值/像素		灰度加权质心法/像素			椭圆拟合法/像素		
	x	y	x	y	误差	x	y	误差
1	0.000	0.000	0.000	0.000	0.000	0.000	0.000	0.000
2	0.025	0.000	0.028	0.000	0.003	0.000	0.000	0.025
3	0.05	0.000	0.056	0.000	0.006	0.000	0.000	0.050
4	0.075	0.000	0.080	0.000	0.005	0.000	0.000	0.075
5	0.100	0.000	0.105	0.000	0.004	0.000	0.000	0.100
6	0.125	0.000	0.131	0.000	0.006	0.063	0.000	0.062
7	0.15	0.000	0.157	0.000	0.007	0.063	0.000	0.087
8	0.175	0.000	0.182	0.000	0.007	0.063	0.000	0.112
9	0.200	0.000	0.208	0.000	0.008	0.063	0.000	0.137
10	0.225	0.000	0.233	0.000	0.008	0.133	0.000	0.092
11	0.250	0.000	0.255	0.000	0.005	0.241	0.000	0.009
12	0.275	0.000	0.280	0.000	0.005	0.241	0.000	0.034
13	0.300	0.000	0.304	0.000	0.004	0.241	0.000	0.059
14	0.325	0.000	0.326	0.000	0.001	0.241	0.000	0.084
15	0.350	0.000	0.351	0.000	0.001	0.241	0.000	0.109
16	0.375	0.000	0.377	0.000	0.002	0.241	0.000	0.134
17	0.400	0.000	0.401	0.000	0.001	0.241	0.000	0.159
18	0.425	0.000	0.427	0.000	0.002	0.365	0.000	0.060
19	0.450	0.000	0.453	0.000	0.003	0.365	0.000	0.085
20	0.475	0.000	0.473	0.000	0.002	0.365	0.000	0.110
21	0.500	0.000	0.500	0.000	0.000	0.500	0.000	0.000
22	0.000	0.250	0.000	0.255	0.005	0.000	0.236	0.014
23	0.025	0.250	0.027	0.255	0.005	0.000	0.236	0.029
24	0.050	0.250	0.051	0.254	0.005	0.083	0.142	0.113
25	0.075	0.250	0.077	0.256	0.006	0.083	0.142	0.108
26	0.100	0.250	0.104	0.255	0.006	0.083	0.142	0.110
27	0.125	0.250	0.128	0.256	0.007	0.083	0.142	0.116
28	0.150	0.250	0.154	0.255	0.006	0.105	0.152	0.108
29	0.175	0.250	0.179	0.254	0.006	0.172	0.225	0.025
30	0.200	0.250	0.204	0.255	0.006	0.172	0.225	0.038
31	0.225	0.250	0.230	0.255	0.007	0.172	0.225	0.059

续表

序号	真值/像素		灰度加权质心法/像素			椭圆拟合法/像素		
	x	y	x	y	误差	x	y	误差
32	0.250	0.250	0.255	0.255	0.008	0.207	0.205	0.062
33	0.275	0.250	0.278	0.256	0.007	0.207	0.205	0.082
34	0.300	0.250	0.304	0.255	0.007	0.221	0.176	0.108
35	0.325	0.250	0.329	0.254	0.006	0.276	0.157	0.106
36	0.350	0.250	0.355	0.256	0.008	0.276	0.157	0.119
37	0.375	0.250	0.378	0.257	0.007	0.276	0.157	0.136
38	0.400	0.250	0.402	0.256	0.006	0.346	0.213	0.066
39	0.425	0.250	0.428	0.256	0.007	0.362	0.242	0.063
40	0.450	0.250	0.451	0.258	0.008	0.387	0.282	0.071
41	0.475	0.250	0.474	0.256	0.006	0.435	0.332	0.091
42	0.500	0.250	0.500	0.258	0.008	0.500	0.330	0.080
43	0.000	0.500	0.000	0.500	0.000	0.000	0.500	0.000
44	0.025	0.500	0.026	0.500	0.001	0.000	0.500	0.025
45	0.050	0.500	0.052	0.500	0.002	0.000	0.500	0.050
46	0.075	0.500	0.077	0.500	0.002	0.000	0.500	0.075
47	0.100	0.500	0.102	0.500	0.002	0.000	0.500	0.100
48	0.125	0.500	0.129	0.500	0.004	0.112	0.562	0.063
49	0.150	0.500	0.153	0.500	0.003	0.113	0.500	0.038
50	0.175	0.500	0.179	0.500	0.004	0.113	0.500	0.063
51	0.200	0.500	0.209	0.500	0.009	0.246	0.500	0.046
52	0.225	0.500	0.233	0.500	0.008	0.320	0.500	0.095
53	0.250	0.500	0.258	0.500	0.008	0.320	0.500	0.070
54	0.275	0.500	0.283	0.500	0.008	0.320	0.500	0.045
55	0.300	0.500	0.307	0.500	0.007	0.320	0.500	0.020
56	0.325	0.500	0.332	0.500	0.007	0.320	0.500	0.005
57	0.350	0.500	0.355	0.500	0.005	0.320	0.500	0.031
58	0.375	0.500	0.381	0.500	0.006	0.320	0.500	0.056
59	0.400	0.500	0.404	0.500	0.004	0.435	0.500	0.035
60	0.425	0.500	0.428	0.500	0.003	0.435	0.500	0.010
61	0.450	0.500	0.454	0.500	0.004	0.435	0.500	0.015
62	0.475	0.500	0.477	0.500	0.002	0.500	0.500	0.025
63	0.500	0.500	0.500	0.500	0.000	0.500	0.500	0.000
误差均值			0.005			0.066		
误差最大值			0.009			0.159		

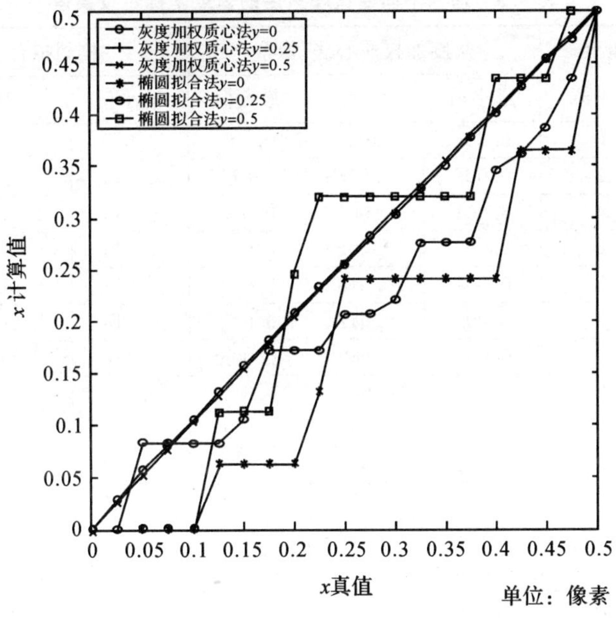

图 4.20　像点 x 坐标计算值

分析上述结果可以看出：

(1) 椭圆拟合算法对标志位置的微小变化不敏感。其原因是椭圆拟合法只利用标志图像边缘像素的位置信息进行定位，而边缘像素的位置精度为像素级。当标志位置发生微小变化时，其对应图像各像素的灰度值变化不大，因而利用 Canny 算子检测出的边缘也不会改变。

(2) 灰度加权质心法能够较好地分辨标志的微小位移。这是由于该算法定位时不仅利用标志图像内所有像素的位置信息，而且利用其灰度值作为权值。当标志位置发生微小变化时，虽然标志图像包含的像素可能相同，但其灰度值即权值已经随之改变，故仍能准确计算出标志中心。

2. 噪声对定位精度的影响

在标志点实际成像过程中，不可避免地会存在成像噪声。为此，在仿真的理想图像中加入不同量值的随机噪声，用两种定位算法提取像点坐标并与真值对比，以检验图像噪声对定位算法的影响。

令像点坐标为(x,0.25)，$0\leqslant x\leqslant 0.5$(像素)，其余成像参数与表 4.1 一致。每幅理想图像各加入 100 次不同量级的随机噪声，统计两种算法定位的像点坐标误差($\sqrt{\Delta x^2+\Delta y^2}$)，如表 4.3 所示，图 4.21 所示为误差均值与噪声的关系。

表 4.3 加入不同量值噪声后的像点坐标定位误差

x 真值/像素	噪声/像素	灰度加权质心法/像素			椭圆拟合法/像素		
		最小值	均值	最大值	最小值	均值	最大值
0	0	0.005	0.005	0.005	0.014	0.014	0.014
	2	0.002	0.005	0.011	0.014	0.02	0.117
	4	0.001	0.006	0.015	0.014	0.038	0.121
	6	0.000	0.008	0.023	0.014	0.054	0.171
	8	0.001	0.010	0.026	0.014	0.062	0.196
	10	0.001	0.012	0.032	0.014	0.071	0.196
0.1	0	0.006	0.006	0.006	0.110	0.110	0.110
	2	0.002	0.007	0.011	0.110	0.110	0.110
	4	0.001	0.007	0.017	0.067	0.105	0.110
	6	0.001	0.008	0.019	0.049	0.101	0.138
	8	0.001	0.011	0.027	0.024	0.099	0.161
	10	0.001	0.012	0.028	0.024	0.099	0.161
0.2	0	0.006	0.006	0.006	0.038	0.038	0.038
	2	0.002	0.007	0.011	0.038	0.038	0.038
	4	0.001	0.008	0.015	0.038	0.049	0.137
	6	0.001	0.009	0.021	0.038	0.067	0.160
	8	0.001	0.010	0.022	0.012	0.064	0.160
	10	0.002	0.012	0.037	0.012	0.080	0.200
0.3	0	0.007	0.007	0.007	0.108	0.108	0.108
	2	0.001	0.007	0.012	0.097	0.107	0.108
	4	0.002	0.008	0.021	0.097	0.107	0.108
	6	0.000	0.009	0.018	0.075	0.104	0.126
	8	0.001	0.011	0.026	0.031	0.104	0.174
	10	0.002	0.012	0.029	0.025	0.102	0.150
0.4	0	0.006	0.006	0.006	0.066	0.066	0.066
	2	0.002	0.007	0.011	0.035	0.079	0.156
	4	0.000	0.007	0.015	0.035	0.084	0.156
	6	0.000	0.008	0.021	0.022	0.091	0.179
	8	0.001	0.009	0.024	0.017	0.089	0.179
	10	0.001	0.012	0.028	0.009	0.085	0.179
0.5	0	0.008	0.008	0.008	0.080	0.080	0.080
	2	0.003	0.009	0.014	0.026	0.069	0.104
	4	0.003	0.009	0.016	0.026	0.07	0.104
	6	0.001	0.010	0.024	0.026	0.065	0.104
	8	0.001	0.011	0.027	0.016	0.068	0.118
	10	0.001	0.012	0.033	0.024	0.071	0.163

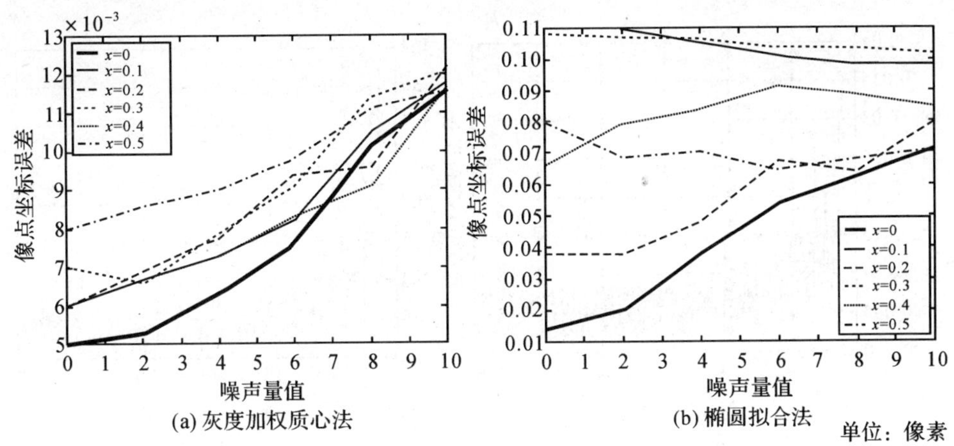

图 4.21　噪声对像点坐标定位精度的影响

通过上述实验结果可以看出：

(1) 灰度加权质心法的定位误差随噪声的增大而增大，这是由该算法的定权方式决定的。灰度加权质心法以标志图像内各像素的灰度值为权，灰度值的噪声越大，则定权越不准确，从而导致标志中心定位精度越低。

(2) 椭圆拟合法的定位误差与像点中心位置关系较大，随噪声值的变化规律不明显。其原因是 Canny 算子在检测边缘之前对图像进行了高斯滤波，从而降低了噪声对定位精度的影响。

3. 标志图像半径对定位精度的影响

取像点坐标为(0.25，0.25)(像素)，成像参数与表 4.1 一致，令标志图像半径在 1～30 像素内变化，并利用两种定位算法计算标志图像中心坐标，定位误差随标志图像半径的变化情况如图 4.22 所示。图 4.23 为加入量值为 6 的随机噪声后的定位结果。

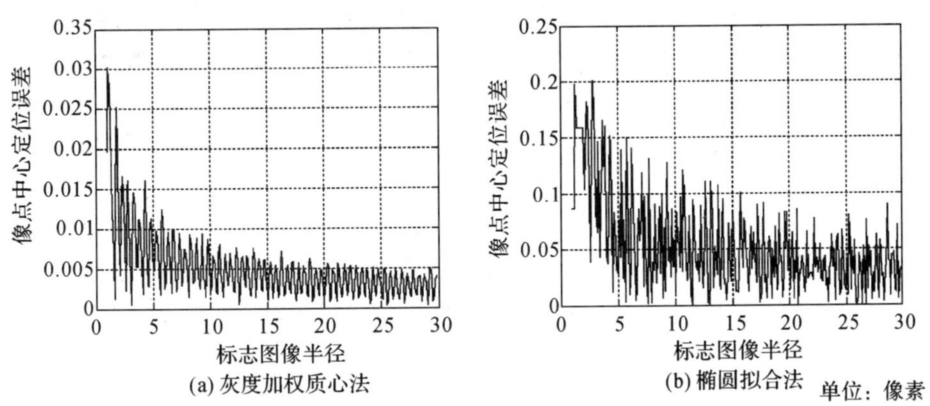

图 4.22　标志图像半径对定位精度的影响

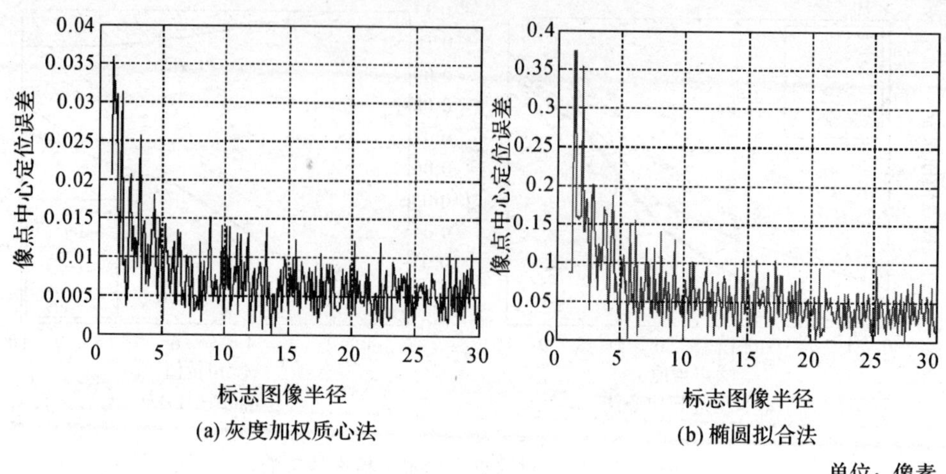

(a) 灰度加权质心法

(b) 椭圆拟合法

图 4.23 加入噪声后的像点中心定位结果

从图 4.22 可以看出，随着标志图像半径的增大，两种定位算法的精度都有所提高。在没有噪声的情况下，当标志图像半径大于 2 像素时，灰度加权质心法的定位精度即可优于 0.02 像素，但利用椭圆拟合法则很难保证此定位精度。

4.3.3 结论

通过上述仿真分析，可以得出如下结论：

(1)灰度加权质心算法本质上利用灰度信息提高了 CCD 像素的几何分辨率。由于以灰度值作为权值，即便标志图像半径较小，仍能准确地确定出像点中心位置。但该算法也存在缺点，即定位精度直接取决于灰度值的精度，这就要求在标志成像过程中尽可能避免各类成像噪声的产生。

(2)椭圆拟合算法单纯依靠标志图像边缘像素的几何信息进行像点中心定位，对标志微小位移的分辨率不高，因而其定位精度较低。若要提高定位精度，必须提高标志图像边缘检测精度，实现亚像素级边缘提取(殷永凯 等，2008；程远航，2009；张德海 等，2009)。由于在边缘检测前对图像进行了高斯滤波，该算法的抗噪声能力较强。

(3)量测型相机多采用具有制冷装置的科学级 CCD 芯片，获取的图像噪声较低，因而适宜采用灰度加权质心法进行像点坐标定位，以进行高精度、超高精度摄影测量。非量测型相机获取的图像一般噪声较高，适宜采用椭圆拟合法进行像点坐标定位，以进行中等精度摄影测量。

4.4　标志图像椭圆偏心差仿真分析

椭圆偏心差是圆形标志在中心投影下成像时产生的系统性误差，若量值较大会降低标志点的测量精度。本节将利用图像仿真方式，分析不同被测目标上的标志图像椭圆偏心差分布规律及其影响因素，并给出标志半径选择和摄站布设的原则，以将椭圆偏心差控制在不影响测量精度的范围内。

常见被测目标形状有平面、抛物面、球面（内、外表面）以及圆柱面等。由于抛物面在曲率较小时可作为球面处理，故不再单独分析。

4.4.1　椭圆偏心差

物方空间的标志平面到像平面的投影为中心投影，若两平面平行，则为平行投影，此时圆形标志仍成像为圆；否则，该投影为倾斜投影，圆形标志的图像为椭圆。

图 4.24 为圆形标志倾斜投影为椭圆的示意图。其中，S 为投影中心；AB 为圆形标志直径，C 点为圆心（即 AB 的中点），c 点为 C 点在图像上的投影；ab 为标志图像椭圆的长轴，e 点为椭圆中心（即 ab 的中点）。根据平面几何知识可知，只有当 $ab // AB$，即标志平面与像平面平行时，c 点与 e 点重合；否则，椭圆图像中心即不是标志中心在图像上的投影，二者的差值$\overline{ce}$即为椭圆偏心差。

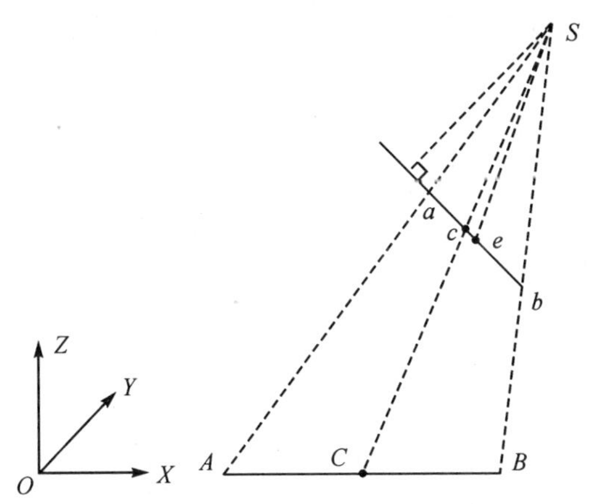

图 4.24　圆形标志成像为椭圆时的椭圆偏心差

圆形标志图像的椭圆偏心差分布具有如下规律（廖祥春 等，1999；AHN et al，1999）：

（1）椭圆偏心差以主纵线为对称轴呈对称分布；

（2）椭圆偏心差指向主合点。

利用各种中心定位算法计算的标志点图像中心都是椭圆的几何中心，因此都存在椭圆偏心差。椭圆偏心差属于系统性误差，可以通过标志图像椭圆方程计算标志平面方程，进而予以改正，但该过程极为复杂，且当标志图像像素较少时难以准确计算出标志平面方程，改正效果较差（廖祥春 等，1999；AHN et al，1999）。

因此，本书放弃对椭圆偏心差改正方法的研究，而尝试利用仿真图像分析影响椭圆偏心差大小的因素，如标志尺寸、摄影距离、被测目标外形等。并据此给出不同被测目标的标志和摄站布设原则，以将椭圆偏心差控制在不降低标志图像中心定位精度的范围内，使其对测量精度不产生影响。

4.4.2 椭圆偏心差仿真方法

如 4.4.3 小节所述，圆形标志成像为圆或椭圆，因此，只要在给定标志的边缘选择若干离散点，利用共线条件方程计算出其在图像上的像点坐标，即可通过椭圆拟合得到标志图像中心；同时，计算出标志中心在像片上的投影点坐标，即可求得椭圆偏心差。

1.标志图像椭圆方程

不考虑像主点和相机畸变的影响，共线条件方程可表示为

$$\begin{pmatrix} X \\ Y \\ Z \end{pmatrix} = \lambda \boldsymbol{R} \begin{pmatrix} x \\ y \\ -f \end{pmatrix} + \begin{pmatrix} X_S \\ Y_S \\ Z_S \end{pmatrix} \tag{4.9}$$

式中，f 为相机主距；$1/\lambda$ 为摄影比例尺；(X,Y,Z) 为物方点坐标；(x,y) 为像点坐标；(X_S,Y_S,Z_S) 为摄站坐标；$\boldsymbol{R}=\begin{pmatrix} a_1 & a_2 & a_3 \\ b_1 & b_2 & b_3 \\ c_1 & c_2 & c_3 \end{pmatrix}$ 为旋转矩阵，本书中的旋转角均采用 R_x、R_y、R_z 的转角顺序。

为便于分析且不失一般性，令 $Z=0$，即标志位于 XY 平面上，则式(4.9)可写为

$$\left.\begin{aligned} X &= X_S - Z_S \frac{a_1 x + a_2 y - a_3 f}{c_1 x + c_2 y - c_3 f} \\ Y &= Y_S - Z_S \frac{b_1 x + b_2 y - b_3 f}{c_1 x + c_2 y - c_3 f} \end{aligned}\right\} \tag{4.10}$$

设圆形标志中心坐标为$(X_0,Y_0,0)$，半径为 r，则标志边界点方程为

$$(X-X_0)^2+(Y-Y_0)^2=r^2 \tag{4.11}$$

将式(4.10)代入式(4.11)可得

$$\begin{aligned} &[(X_S-X_0)(c_1x+c_2y-c_3f)-Z_S(a_1x+a_2y-a_3f)]^2+ \\ &\quad[(Y_S-Y_0)(c_1x+c_2y-c_3f)-Z_S(b_1x+b_2y-b_3f)]^2 \\ &=r^2(c_1x+c_2y-c_3f)^2 \end{aligned} \tag{4.12}$$

该式为关于像点坐标(x,y)的二元二次方程，考虑圆成像后仍为闭合曲线，因此，该方程对应图形为圆或椭圆。

2. 单个标志仿真过程

单个圆形标志图像椭圆偏心差的仿真过程如下：

(1)采用极坐标方式，圆形标志边界点 $P_\theta(X,Y,Z)$ 方程记为

$$\left.\begin{aligned}X&=X_0+r\cos\theta\\Y&=Y_0+r\sin\theta\\Z&=0\end{aligned}\right\}\tag{4.13}$$

边界点对应的共线条件方程记为

$$\left.\begin{aligned}x&=-f\frac{a_1(X-X_S)+b_1(Y-Y_S)+c_1(Z-Z_S)}{a_3(X-X_S)+b_3(Y-Y_S)+c_3(Z-Z_S)}\\y&=-f\frac{a_2(X-X_S)+b_2(Y-Y_S)+c_2(Z-Z_S)}{a_3(X-X_S)+b_3(Y-Y_S)+c_3(Z-Z_S)}\end{aligned}\right\}\tag{4.14}$$

计算标志边界点 $P_\theta(\theta=0°\sim360°)$坐标及其对应像点 p_θ 坐标。

(2)利用所有像点 p_θ 拟合椭圆，并计算椭圆中心点坐标 $p_e(x_e,y_e)$。

(3)计算标志中心对应像点坐标 $p_c(x_c,y_c)$及椭圆偏心差$(\Delta x,\Delta y)=(x_e-x_c,y_e-y_c)$。

相机主要性能参数参照 INCA3 相机设置，且不考虑相机畸变差的影响，如表 4.4 所示，其余成像参数如表 4.5 所示。图 4.25 为仿真得到的一圆形标志图像及其椭圆偏心差。

表 4.4　相机主要性能参数

参数	参数值	参数	参数值
主距/mm	20	像素尺寸/μm	10×10
分辨率/像素	3 500×2 300	CCD 尺寸/mm	35×23

表 4.5　仿真成像参数

参数	参数值	参数	参数值
f/mm	20	X/mm	0
X_S/mm	1 000	Y/mm	0
Y_S/mm	1 000	Z/mm	0
Z_S/mm	2 000	x_c/mm	2.330 392
R_x/(°)	−30	y_c/mm	−7.377 353
R_y/(°)	30	Δx/mm	1.755 982E-4
R_z/(°)	30	Δy/mm	5.431 735E-5
r/mm	10		

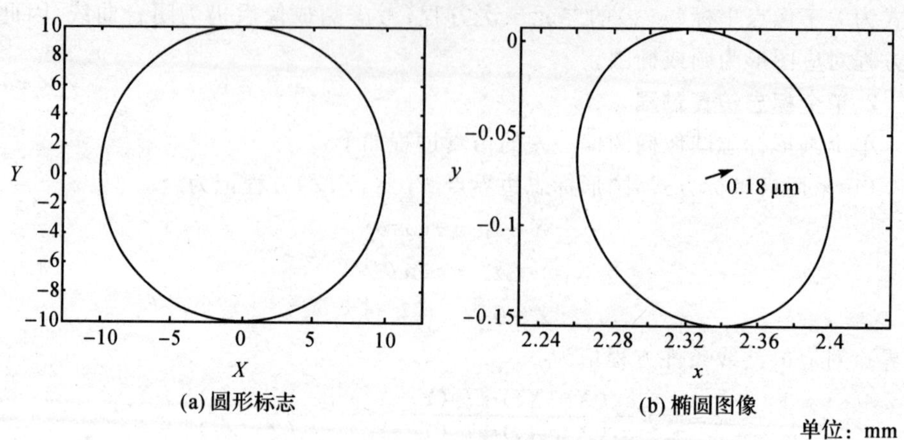

图 4.25 单个标志椭圆偏心差仿真结果

4.4.3 平面目标

1.椭圆偏心差分布规律

在 XY 平面内均匀分布一组半径 $r=10$ mm 的圆形标志，如图 4.26 所示。

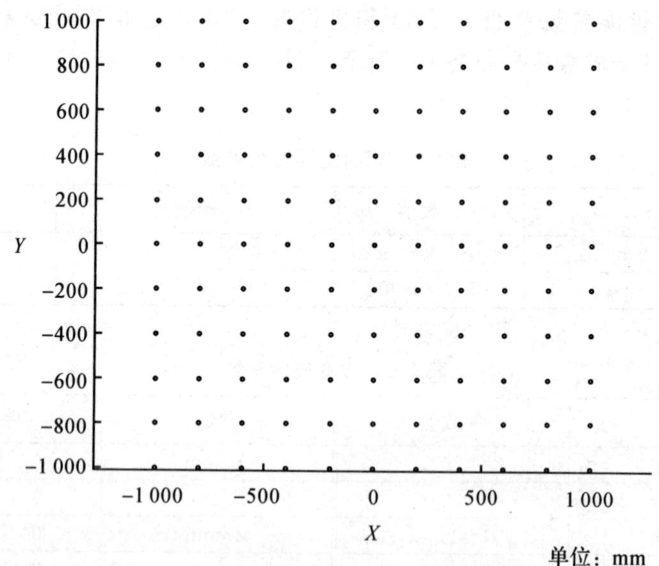

图 4.26 平面内标志分布图

分别在两个摄站位置对标志成像，摄站参数如表 4.6 所示，仿真得到标志图像椭圆偏心差分布如图 4.27 所示。

表 4.6　摄站参数

摄站	X_S/mm	Y_S/mm	Z_S/mm	R_x/(°)	R_y/(°)	R_z/(°)
1	3 000	0	2 000	0	45	0
2	−1 000	−2 000	2 000	45	−30	45

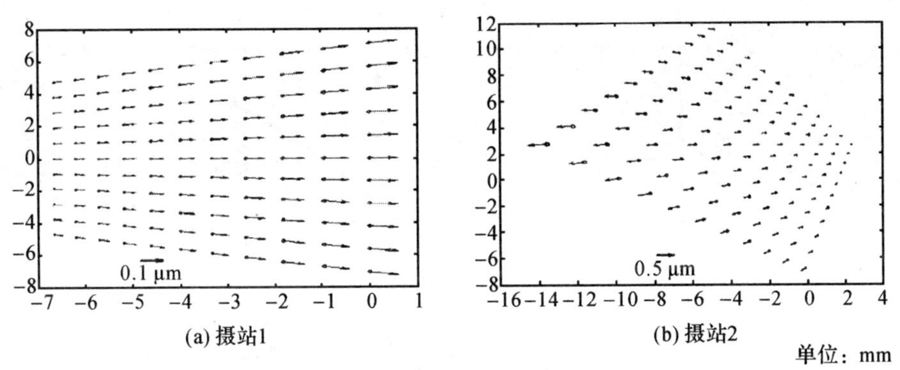

图 4.27　平面内标志椭圆偏心差分布图

通过图 4.27 可以看出：

(1)椭圆偏心差关于主纵线对称分布。

(2)标志越靠近透视轴(像平面与标志平面交线)，则椭圆偏心差越大。

(3)标志沿主横线方向的位置变化对椭圆偏心差影响较小。

2.摄影距离的确定

为便于分析且不失一般性，令投影中心位于 Z 轴正半轴，$R_x = R_z = 0$，$0° \leqslant R_y \leqslant 90°$，标志分布在 XY 平面内，如图 4.28 所示。

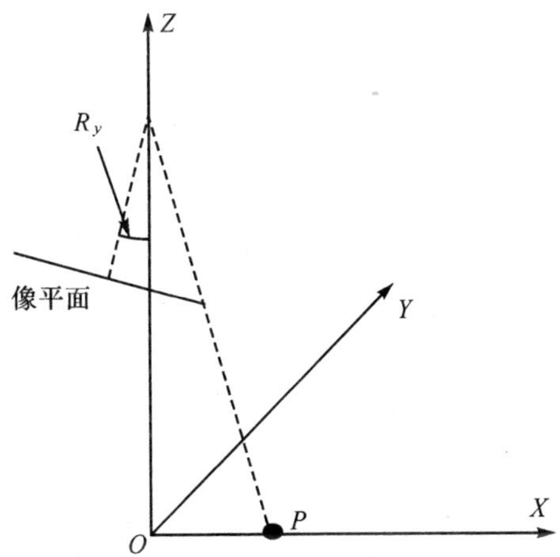

图 4.28　摄站布设及标志分布示意图

由前述分析可知，最靠近透视轴的标志图像椭圆偏心差最大，因此，只需令该最大椭圆偏心差小于给定阈值，则像片内其他标志的椭圆偏心差都将小于该阈值。

对给定相机参数（主距、CCD 尺寸等），影响最大椭圆偏心差的因素有摄站参数 Z_S、R_y 及标志半径 r。对不同 Z_S、r 值，仿真得到最大椭圆偏心差随 R_y 的变化规律如图 4.29 所示，部分最大椭圆偏心差值见表 4.7。

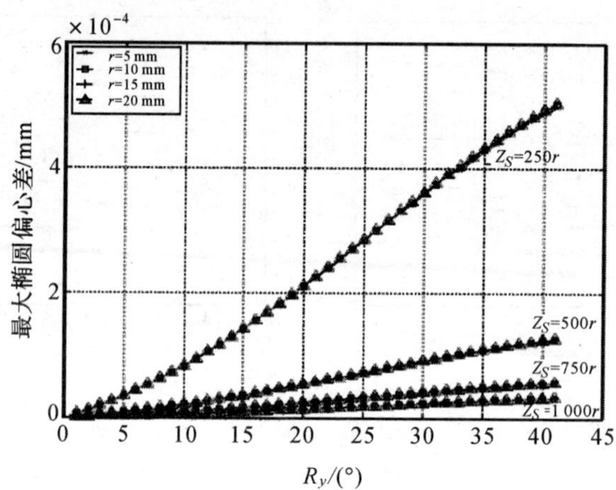

图 4.29 平面内标志最大椭圆偏心差随 R_y 变化

表 4.7 平面内标志的部分最大椭圆偏心差

r/mm	Z_S/mm	R_y/(°)				
		1	11	21	31	41
5	1 250	5.85E-6	9.34E-5	2.25E-4	3.75E-4	4.98E-4
	2 500	1.46E-6	2.33E-5	5.66E-5	9.44E-5	1.26E-4
	3 750	6.36E-7	1.04E-5	2.52E-5	4.21E-5	5.65E-5
	5 000	3.62E-7	5.86E-6	1.42E-5	2.36E-5	3.18E-5
10	2 500	5.85E-6	9.34E-5	2.25E-4	3.75E-4	5.03E-4
	3 750	1.45E-6	2.34E-5	5.66E-5	9.44E-5	1.26E-4
	5 000	6.68E-7	1.04E-5	2.52E-5	4.21E-5	5.65E-5
	10 000	3.62E-7	5.86E-6	1.42E-5	2.37E-5	3.18E-5
15	3 750	5.85E-6	9.34E-5	2.26E-4	3.77E-4	5.05E-4
	7 500	1.47E-6	2.34E-5	5.67E-5	9.44E-5	1.27E-4
	11 250	6.85E-7	1.04E-5	2.52E-5	4.21E-5	5.65E-5
	15 000	3.37E-7	5.85E-6	1.42E-5	2.37E-5	3.18E-5
20	5 000	5.85E-6	9.34E-5	2.26E-4	3.76E-4	5.03E-4
	7 500	1.45E-6	2.34E-5	5.66E-5	9.44E-5	1.27E-4
	10 000	6.49E-7	1.04E-5	2.52E-5	4.21E-5	5.65E-5
	20 000	3.62E-7	5.86E-6	1.42E-5	2.37E-5	3.18E-5

分析上述仿真结果可得如下结论：

(1) 最大椭圆偏心差与标志半径的平方成正比，与 Z_S 的平方成反比。

(2) 像片倾角 R_y 越大，最大椭圆偏心差越大。

(3) Z_S/r 越大，最大椭圆偏心差越小。

由于相机的视场角有限，且标志图像的尺寸、形状等均有一定限制，如半径、长短半轴比值等，故像片倾角 R_y 存在最大值。因此，只要令 Z_S/r 足够大，则整张像片上的标志椭圆偏心差都小于阈值。

考虑标志图像中心定位精度约为 0.2 μm(0.02 像素)，假定当椭圆偏心差小于 0.1 μm(0.01 像素)时，对测量精度不构成影响。

对不同的 Z_S/r 值，仿真得到最大 R_y(标志成像在图像角点处时)对应的最大椭圆偏心差，如图 4.30 所示。

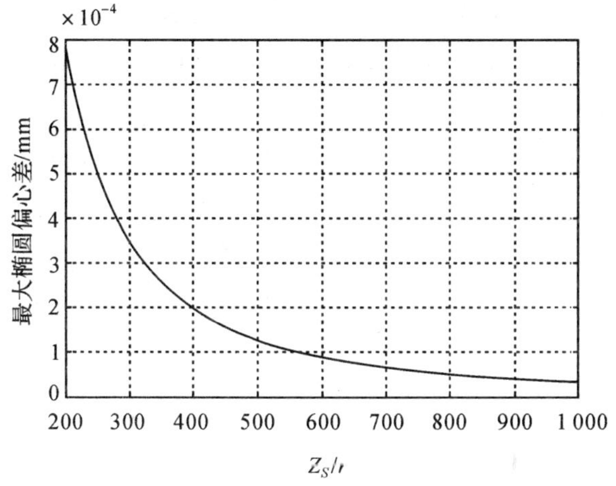

图 4.30　平面内标志最大椭圆偏心差随 Z_S/r 值的变化

从图 4.30 可以看出，当 $Z_S/r \geqslant 600$ 时，最大椭圆偏心差即小于 0.1 μm。

另一方面，为保证像点坐标的提取精度，标志图像又必须具有足够大的尺寸。根据经验，标志图像的半径 $\hat{r}$ 应不小于 1.5 个像素。根据摄影比例尺可概略估算为

$$\frac{\hat{r}}{r}=\frac{f}{Z_S} \tag{4.15}$$

取 $f=20$ mm，$\hat{r}=0.02$ mm(2 像素)，则有

$$\frac{Z_S}{r}=\frac{f}{\hat{r}} \leqslant 10^3 \tag{4.16}$$

综上所述，在对平面被测目标拍摄时，摄站到该平面的距离 d(上述分析中

的 Z_S)合理取值为 $600r \leqslant d \leqslant 1\ 000r$,在此范围内,椭圆偏心差对测量精度没有影响。

4.4.4 球面目标

1.粘贴误差对标志半径的要求

众所周知,球面是不可展曲面,平面标志不能与球表面完全贴合。在给定球面上,标志半径越大,则将其强制粘贴在球面上引起的误差越大。假定摄影测量的极限精度为±0.01 mm,则可认为当标志粘贴误差小于0.003 mm时对测量精度不构成影响。

如图 4.31 所示,标志粘贴误差可近似表示为

$$\Delta r = \frac{R}{\cos(r/R)} - R \leqslant 0.003 \tag{4.17}$$

取 $\Delta r = 0.003$,则式(4.17)函数图如图 4.32 所示。

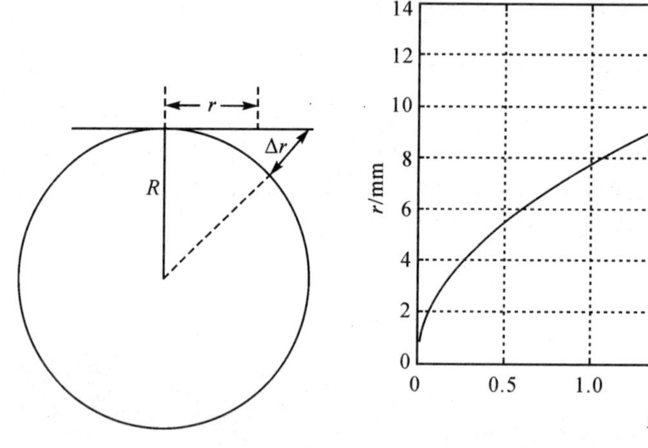

图 4.31 标志粘贴误差示意图　　图 4.32 标志半径与球面半径的函数示意图

在针对给定球面目标选择圆形测量标志时,标志半径应小于图 4.32 中的对应值。以下假设标志半径均满足上述要求,此时可将球面上的标志近似看作在该点处球的切平面上。

2.球面目标仿真过程

令球心为坐标系原点,半径为 R,则球面上任一点的坐标可由向量(0,0,R)先后绕 X 轴旋转 R_x、绕 Y 轴旋转 R_y 得到。以该点切面为 XY 面的坐标系与原坐标系间的旋转矩阵为

$$\boldsymbol{M} = \begin{bmatrix} \cos R_y & 0 & \sin R_y \\ \sin R_x \sin R_y & \cos R_x & -\sin R_x \cos R_y \\ -\cos R_x \sin R_y & \sin R_x & \cos R_x \cos R_y \end{bmatrix} \tag{4.18}$$

球面上任一点 $P(X_P, Y_P, Z_P)$ 在原坐标系中的坐标为

$$\left.\begin{aligned} X_P &= R\sin R_y \\ Y_P &= -R\sin R_x \cos R_y \\ Z_P &= R\cos R_x \cos R_y \end{aligned}\right\} \tag{4.19}$$

参考式(4.13)，以 P 点为中心，半径为 r，位于球切面上的圆形标志的边界点坐标为

$$\begin{bmatrix} X \\ Y \\ Z \end{bmatrix} = \begin{bmatrix} X_P \\ Y_P \\ Z_P \end{bmatrix} + \boldsymbol{M} \begin{bmatrix} r\cos\theta \\ r\sin\theta \\ 0 \end{bmatrix} \tag{4.20}$$

标志成像过程的仿真方法与平面内标志相同。图 4.33 为球面标志的仿真实例，主要成像参数设置为：$R=100$ mm、$r=20$ mm、$R_x=30°$、$R_y=70°$。

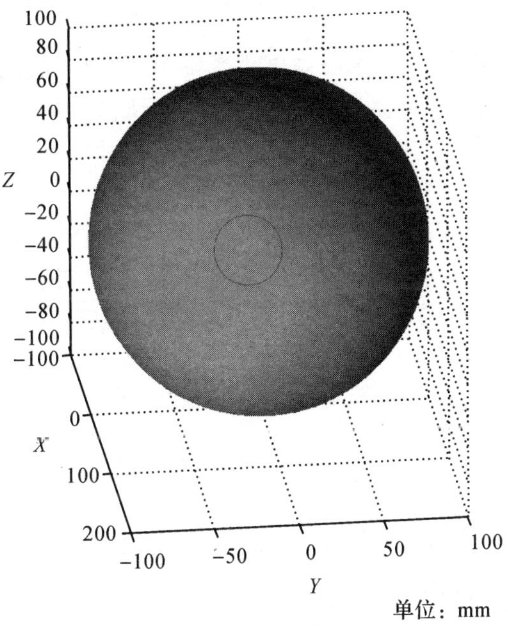

图 4.33　球面圆形标志

球面测量分内、外表面测量两种，下面分别予以分析。

3. 球内表面

在对球内表面进行测量时，一般将相机正对球面，即主光轴近似与球半径方向一致。按此摄影方式，仿真得到球内表面部分标志及其椭圆偏心差，如图 4.34 所示。

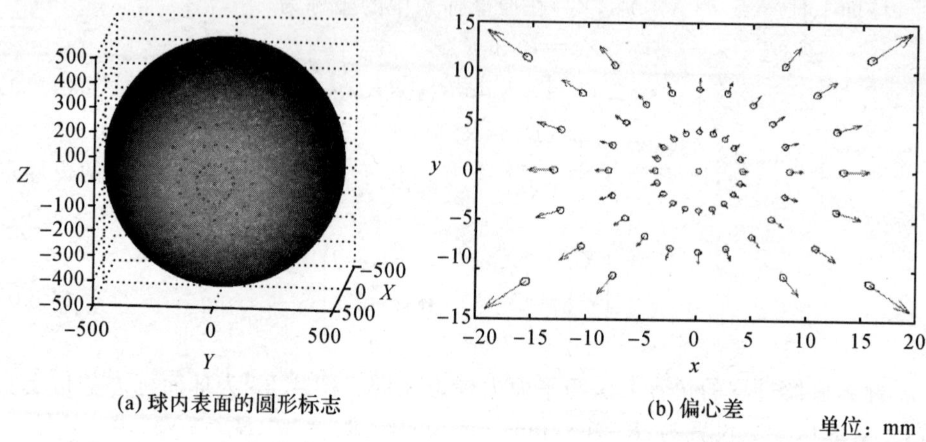

图 4.34 球内表面圆形标志及其椭圆偏心差分布

从图 4.34 可以看出，椭圆偏心差以主光轴为中心呈辐射状对称分布，标志对应球半径与主光轴夹角 θ(在 XZ 平面内，$\theta=90°-R_y$)越大，则其图像椭圆偏心差越大。

1)标志半径和摄影距离对椭圆偏心差的影响

在半径 $R=500$ mm 的球面上均匀分布若干圆形标志，仿真得到不同半径 r(2.5 mm、5 mm、7.5 mm、10 mm)的圆形标志在不同摄影距离 d(250 mm、500 mm、750 mm)上的图像椭圆偏心差随 θ 角的变化规律，摄影距离记为摄站沿主光轴到球面的距离。图 4.35 为标志椭圆偏心差分布图，部分标志椭圆偏心差值见表 4.8。

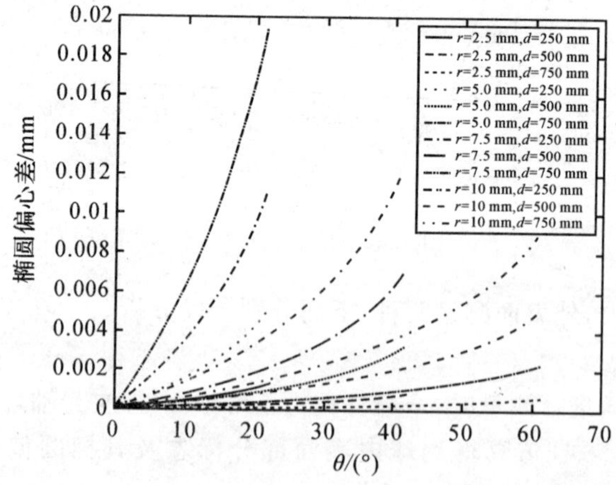

图 4.35 球内表面不同半径的标志椭圆偏心差

表 4.8　球内表面部分标志椭圆偏心差

d/mm	θ/(°)	r/mm			
		2.5	5	7.5	10
250	1	3.49E-5	1.40E-4	3.14E-4	5.59E-4
	4	1.42E-4	5.68E-4	1.28E-3	2.27E-3
	7	2.57E-4	1.03E-3	2.31E-3	4.11E-3
	10	3.87E-4	1.55E-3	3.48E-3	6.19E-3
	13	5.40E-4	2.16E-3	4.86E-3	8.65E-3
	16	7.29E-4	2.92E-3	6.56E-3	1.17E-2
	19	9.71E-4	3.88E-3	8.74E-3	1.55E-2
500	1	8.73E-6	3.49E-5	7.86E-5	1.40E-4
	7	6.23E-5	2.49E-4	5.61E-4	9.97E-4
	13	1.22E-4	4.86E-4	1.09E-3	1.95E-3
	19	1.93E-4	7.70E-4	1.73E-3	3.08E-3
	25	2.84E-4	1.14E-3	2.55E-3	4.54E-3
	31	4.09E-4	1.64E-3	3.68E-3	6.54E-3
	37	5.91E-4	2.36E-3	5.32E-3	9.45E-3
750	1	3.88E-6	1.55E-5	3.49E-5	6.21E-5
	13	5.22E-5	2.09E-4	4.70E-4	8.35E-4
	25	1.10E-4	4.42E-4	9.94E-4	1.77E-3
	37	1.92E-4	7.69E-4	1.73E-3	3.08E-3
	49	3.24E-4	1.30E-3	2.92E-3	5.19E-3
	61	5.69E-4	2.28E-3	5.12E-3	9.10E-3

从上述仿真结果可以看出，对于给定球内表面，椭圆偏心差与标志半径的平方成正比，随摄影距离的增大而减小。

2)标志半径的确定

在对给定球内表面进行测量时，为保证椭圆偏心差足够小，应使 r/d 尽可能小。另一方面，参照平面目标仿真结果，为保证标志图像有合适的尺寸，仍令 $600r \leqslant d \leqslant 1\,000r$。显然，只要令 $d=600r$ 时椭圆偏心差小于给定阈值，则在 $600r \leqslant d \leqslant 1\,000r$ 区间内椭圆偏心差都小于该阈值。

取 $d=600r$，仿真得到不同球半径下最大椭圆偏心差（θ 最大）随标志半径的变化规律，如图 4.36 所示。图中 4 条曲线对应球面半径分别为 2 500 mm、5 000 mm、7 500 mm、10 000 mm，图 4.36(a)的横坐标为标志半径 r，图 4.36(b)的横坐标为标志半径与球半径的比值 r/R，图 4.36(c)为图 4.36(b)的局部放大图。

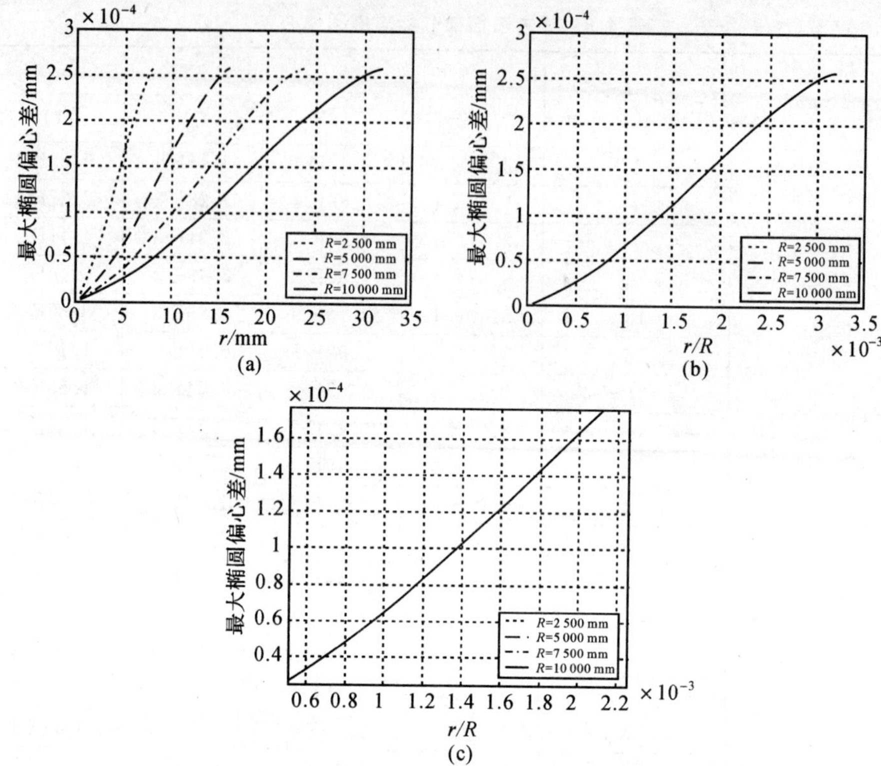

图 4.36 球内表面椭圆偏心差随标志半径变化

从图 4.36 可以看出,球半径 R 越大、标志半径 r 越小则椭圆偏心差越小。最大椭圆偏心差随 r/R 的增大而增大,当 $r/R \leqslant 1.4\times10^{-3}$ 时,椭圆偏心差小于 0.1 μm(0.01 像素)。

综合式(4.17)标志最大粘贴误差的限制,则不同球面半径对应的标志半径最大值如图 4.37 所示(图中实线)。

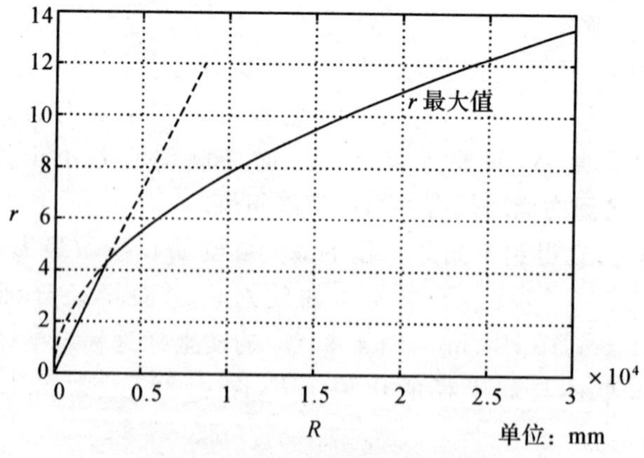

图 4.37 球内表面标志最大半径

4. 球外表面

球外表面标志成像与内表面类似，只需将摄站位置及姿态调整至球面外且正对球心即可。图 4.38 所示为球外表面部分标志及其椭圆偏心差的仿真结果。

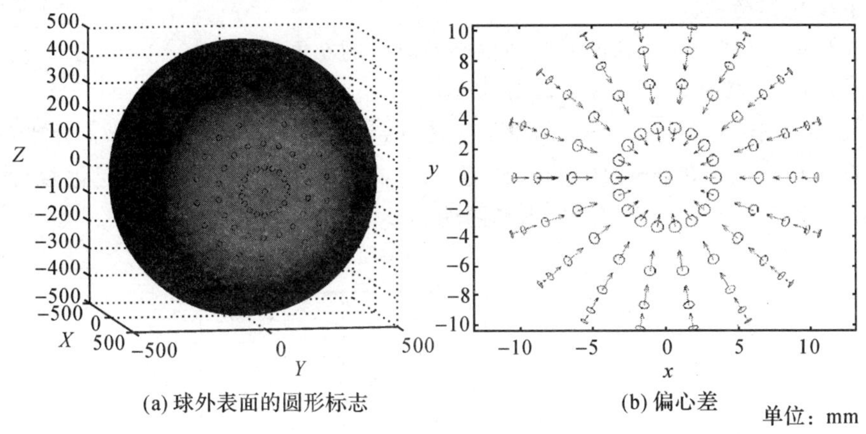

图 4.38　球外表面圆形标志及其椭圆偏心差分布

从图 4.38 可以看出，椭圆偏心差以主光轴为中心呈辐射状对称分布，椭圆偏心差值随标志对应球面半径与主光轴夹角 θ 的不同而变化。

1）摄影距离对椭圆偏心差的影响

令球面半径 $R=500$ mm，标志半径 $r=5$ mm，摄影距离 d 记为摄站沿主光轴到球面的距离，分别取为 250 mm、500 mm、750 mm、1 000 mm，仿真得到椭圆偏心差随 θ 角的变化规律，如图 4.39 所示。

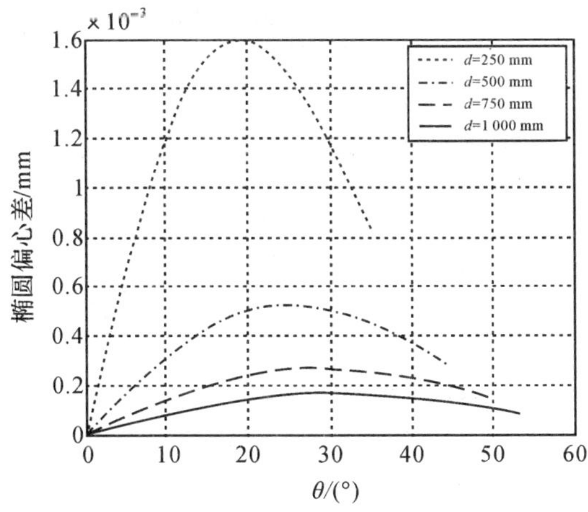

图 4.39　球外表面不同摄影距离下标志椭圆偏心差随 θ 角变化

从图 4.39 可以看出：

(1)球外表面标志椭圆偏心差随 θ 角的增大先增大后减小。

(2)摄影距离越大，则球面同一位置处的标志椭圆偏心差越小，椭圆偏心差随 θ 角的变化越缓慢。

(3)摄影距离不同，则最大椭圆偏心差对应的 θ 角不同。

2)标志半径对椭圆偏心差的影响

令球面半径 $R=500$ mm、摄影距离 $d=1\ 000$ mm，标志半径 r 分别取为 2.5 mm、5 mm、7.5 mm、10 mm，仿真得到椭圆偏心差随 θ 角的变化规律，如图 4.40 所示。表 4.9 为部分标志椭圆偏心差值。

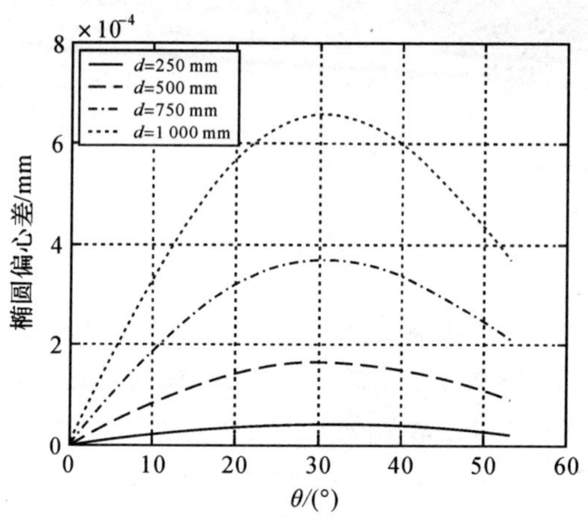

图 4.40 球外表面不同半径的标志椭圆偏心差

表 4.9 球外表面部分标志椭圆偏心差

θ/(°)	r/mm			
	2.5	5	7.5	10
1	2.18E-6	8.72E-6	1.96E-5	3.49E-5
11	2.26E-5	9.03E-5	2.03E-4	3.61E-4
21	3.66E-5	1.46E-4	3.29E-4	5.85E-4
31	4.11E-5	1.65E-4	3.70E-4	6.58E-4
41	3.66E-5	1.47E-4	3.30E-4	5.86E-4
51	2.59E-5	1.04E-4	2.33E-4	4.14E-4

从上述结果可以看出，对于给定球外表面及摄站，椭圆偏心差大小与标志半径的平方成正比。

3)标志半径的确定

对给定球外表面，摄影距离同样取为 $600r \leqslant d \leqslant 1\ 000r$。显然，只要令 $d=600r$

时椭圆偏心差小于给定阈值，则在此摄影距离范围内椭圆偏心差都小于该阈值。

取 $d=600r$，仿真得到不同球面半径下最大椭圆偏心差随标志半径的变化规律，如图 4.41 所示。图中 4 条曲线对应球面半径分别为 500 mm、1 000 mm、1 500 mm、2 000 mm，图 4.41(a)的横坐标为标志半径 r，图 4.41(b)的横坐标为标志半径与球半径的比值 r/R。

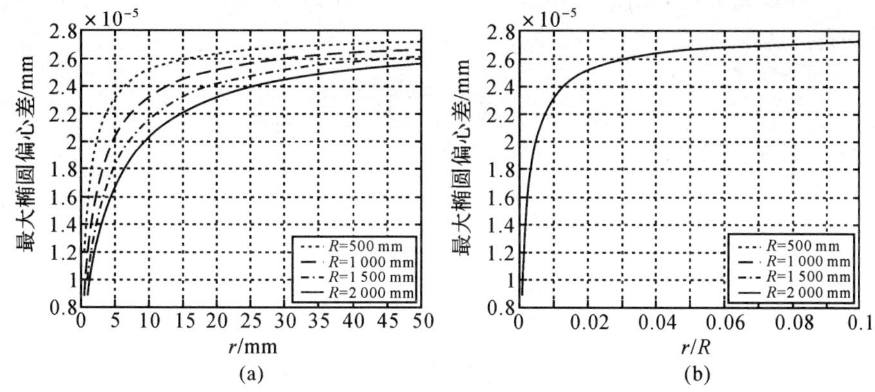

图 4.41　球外表面椭圆偏心差随标志半径变化

从图 4.41 可以看出，球面半径 R 越大、标志半径 r 越小，则椭圆偏心差越小。最大椭圆偏心差随 r/R 的增大而增大，且在 $r\leqslant 0.1R$ 范围内的最大椭圆偏心差均小于 0.03 μm(0.003 像素)，远小于限差 0.1 μm。因此，只要标志半径满足式(4.17)要求，其图像椭圆偏心差就不会对测量精度产生影响。

4.4.5　圆柱面目标

1. 单个标志仿真过程

圆柱半径、标志半径分别记为 R、r。以圆柱轴线为 X 轴建立坐标系，令标志中心 o 位于 Z 轴正半轴，如图 4.42(a)所示。

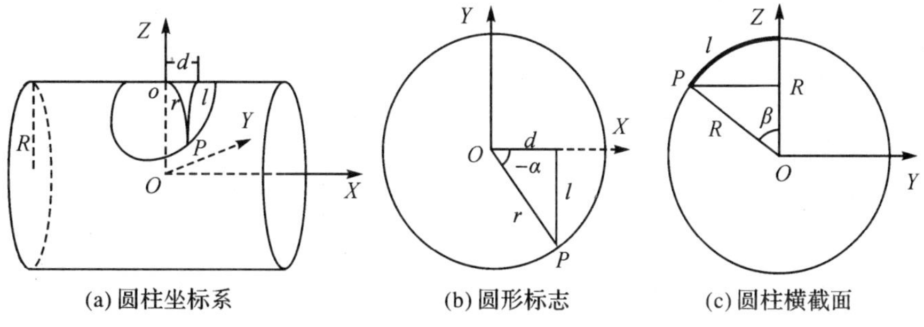

图 4.42　圆柱坐标系

如图 4.42(b)所示,在圆形标志内,边界点 P 对应半径到 X 轴的角度为 $-\alpha(0°\leqslant\alpha\leqslant360°)$,$X$ 坐标为

$$X=r\cos\alpha \tag{4.21}$$

半弦 l 为

$$l=-r\sin\alpha \tag{4.22}$$

在圆柱横截面内,见图 4.42(c),该半弦为截面圆的一段弧。P 点对应半径到 Z 轴的角度为

$$\beta=\frac{l}{R}=-\frac{r\sin\alpha}{R} \tag{4.23}$$

P 点的 Y、Z 坐标分别为

$$\left.\begin{aligned}Y&=-R\sin\beta\\Z&=R\cos\beta\end{aligned}\right\} \tag{4.24}$$

因此,圆形标志可表示为

$$\left.\begin{aligned}X&=r\cos\alpha\\Y&=R\sin\frac{r\sin\alpha}{R}\\Z&=R\cos\frac{r\sin\alpha}{R}\end{aligned}\right\} \tag{4.25}$$

将坐标系绕 X 轴旋转 $\hat{R}_x$ 角并沿 X 轴平移 ΔX,即可得标志在该圆柱面上不同位置的方程为

$$\left.\begin{aligned}X&=r\cos\alpha+\Delta X\\Y&=R\sin\frac{r\sin\alpha}{R}\cos\hat{R}_x-R\cos\frac{r\sin\alpha}{R}\sin\hat{R}_x\\Z&=R\sin\frac{r\sin\alpha}{R}\sin\hat{R}_x+R\cos\frac{r\sin\alpha}{R}\cos\hat{R}_x\end{aligned}\right\} \tag{4.26}$$

在对圆柱面摄影时,一般将主光轴正对圆柱主轴,即令 $R_x=R_y=0$。标志成像过程与平面内标志成像相同,图 4.43 为圆柱面上一圆形标志仿真结果,表 4.10 为主要成像参数设置。图 4.44 为该圆柱面上一组 $r=10$ mm 的标志在该像片上的成像仿真结果。

表 4.10 圆柱面标志仿真参数

参数	f/mm	X_S/mm	Y_S/mm	Z_S/mm	R_x/(°)
参数值	20	0	0	2000	0
参数	R_y/(°)	R_z/(°)	X/mm	Y/mm	Z/mm
参数值	0	0	0	0	0
参数	r/mm	R/mm	ΔX/mm	$\hat{R}_x$/(°)	
参数值	50	100	0	30	

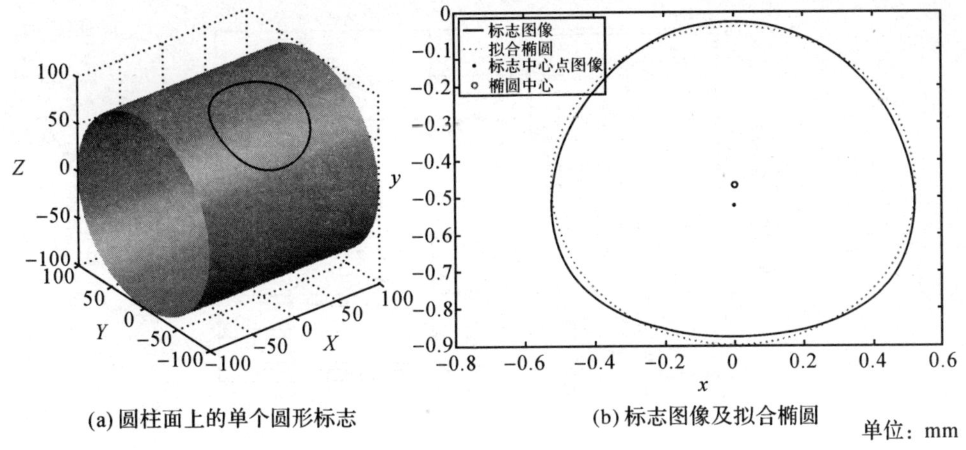

(a) 圆柱面上的单个圆形标志　　(b) 标志图像及拟合椭圆

单位：mm

图 4.43　圆柱面上单个标志仿真结果

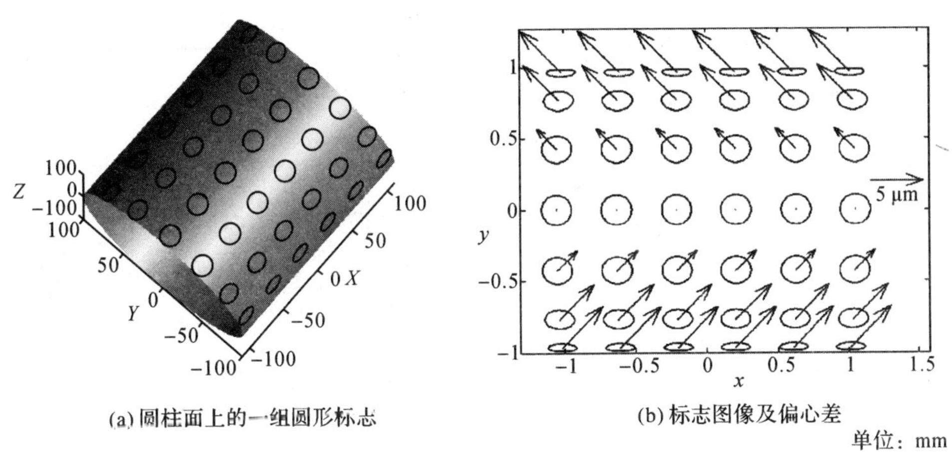

(a) 圆柱面上的一组圆形标志　　(b) 标志图像及偏心差

单位：mm

图 4.44　圆柱面标志仿真结果

从图 4.44 可以看出：

(1)$\hat{R}_x$ 越大，即标志在圆柱横截面上越倾斜，则椭圆偏心差越大，且同一侧标志的椭圆偏心差方向基本一致。

(2)$\hat{R}_x$ 相同的标志图像椭圆偏心差基本相同，即圆柱面轴向位置对椭圆偏心差影响较小。

2. 标志半径和摄影距离对椭圆偏心差的影响

在半径 100 mm 的圆柱面上均匀分布若干不同半径 r(2.5 mm、5 mm、7.5 mm、10 mm)的圆形标志，仿真得到标志在不同摄影距离 d(1 000 mm、1 500 mm、2 000 mm)下的图像椭圆偏心差，摄影距离记为摄站沿主光轴到圆柱面的距离。图 4.45 为 X=100 mm 处的标志椭圆偏心差分布图，部分标志的椭圆偏心差值见表 4.11。

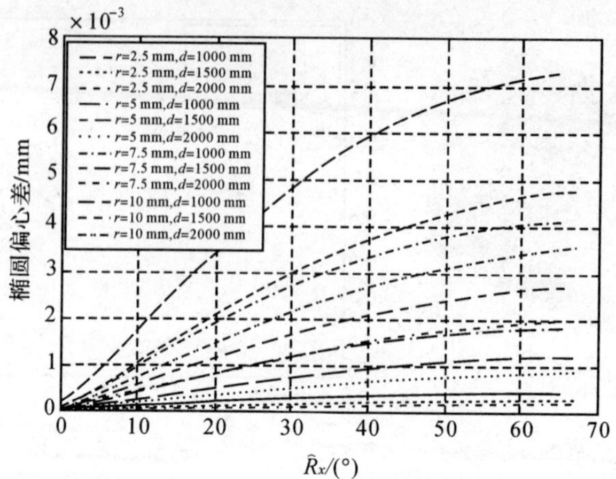

图 4.45 不同半径的标志椭圆偏心差

表 4.11 部分标志椭圆偏心差

d/mm	$\hat{R}_x$/(°)	r/mm			
		2.5	5	7.5	10
1 000	0	1.56E-5	6.25E-5	1.41E-4	2.50E-4
	10	1.11E-4	4.45E-4	1.00E-3	1.78E-3
	20	2.14E-4	8.54E-4	1.92E-3	3.41E-3
	30	3.02E-4	1.21E-3	2.72E-3	4.83E-3
	40	3.72E-4	1.49E-3	3.35E-3	5.95E-3
	50	4.21E-4	1.69E-3	3.79E-3	6.73E-3
	60	4.50E-4	1.80E-3	4.04E-3	7.18E-3
1 500	0	6.94E-6	2.78E-5	6.25E-5	1.11E-4
	10	6.75E-5	2.70E-4	6.07E-4	1.08E-3
	20	1.31E-4	5.23E-4	1.18E-3	2.09E-3
	30	1.87E-4	7.47E-4	1.68E-3	2.99E-3
	40	2.33E-4	9.33E-4	2.10E-3	3.73E-3
	50	2.68E-4	1.07E-3	2.41E-3	4.29E-3
	60	2.91E-4	1.17E-3	2.62E-3	4.65E-3
2 000	0	3.91E-6	1.56E-5	3.51E-5	6.25E-5
	10	4.81E-5	1.92E-4	4.33E-4	7.69E-4
	20	9.36E-5	3.74E-4	8.42E-4	1.50E-3
	30	1.35E-4	5.38E-4	1.21E-3	2.15E-3
	40	1.69E-4	6.77E-4	1.52E-3	2.70E-3
	50	1.96E-4	7.85E-4	1.76E-3	3.13E-3
	60	2.15E-4	8.60E-4	1.93E-3	3.43E-3

从上述结果可以看出，对于给定圆柱面，椭圆偏心差与标志半径的平方成正比，随摄影距离的增加而减小。

3. 标志半径的确定

对给定圆柱面，摄影距离同样取为 $600r \leqslant d \leqslant 1\,000r$。显然，只要令 $d=600r$ 时椭圆偏心差小于给定阈值，则在摄影距离范围内椭圆偏心差都小于该阈值。

令 $\Delta X=0$，$d=600r$，仿真得到不同圆柱半径下最大椭圆偏心差（$\hat{R}_x$ 最大）随标志半径的变化规律，如图 4.46 所示。图中 4 条曲线对应圆柱半径分别为 50 mm、100 mm、150 mm、200 mm，图 4.46(a)的横坐标为标志半径 r，图 4.46(b)的横坐标为标志半径与圆柱半径的比值 r/R，图 4.46(c)为图 4.46(b)的局部放大图。

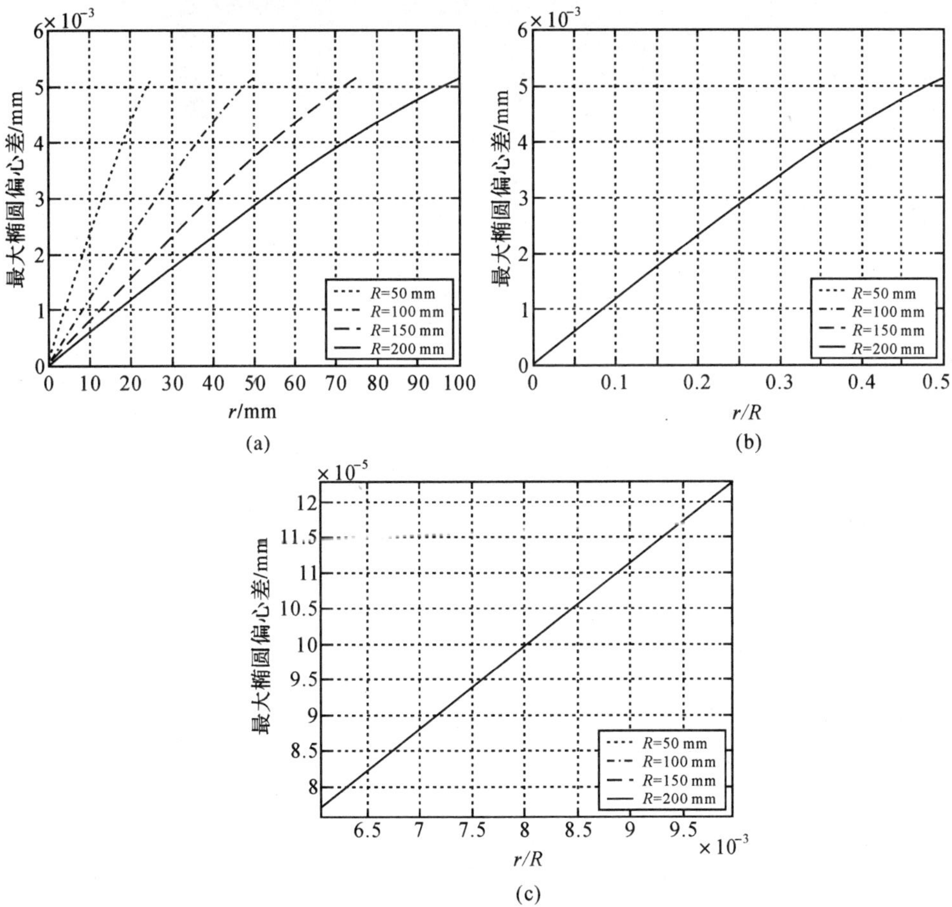

图 4.46　最大椭圆偏心差随标志半径的变化

从图 4.46 可以看出，圆柱半径 R 越大、标志半径 r 越小，则最大椭圆偏心差越小。最大椭圆偏心差随 r/R 的增大而增大，当 $r/R \leqslant 0.008$ 时，椭圆偏心差小于

0.1 μm(0.01 像素)。因此,在实际测量时,只要令 $r \leqslant 0.008R$,$600r \leqslant d \leqslant 1\,000r$,即可保证椭圆偏心差不会对测量精度产生影响。

在对半径较小的圆孔进行测量时,为保证椭圆偏心差不影响测量精度,标志半径将会非常小,既不便于测量也无法保证精度。为此,可制作专用的测量工装,将圆孔中心引出到平面标志上,实现其高精度测量。图 4.47 为 V-STARS 系统不同形状和尺寸的测量工装。

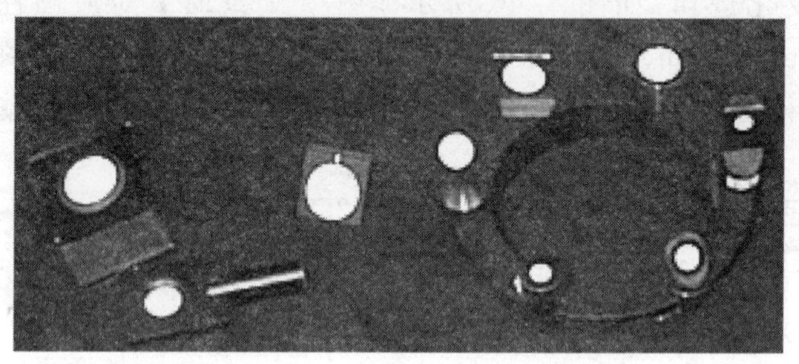

图 4.47　V-STARS 系统的测量工装

4.5　本章小结

本章针对回光反射标志图像的识别与中心坐标提取进行研究,主要内容如下:

(1) 分析了回光反射标志图像的灰度分布规律。受散焦退化影响,标志图像的灰度呈二维正态分布或二维正态累积分布。

(2) 介绍了常用的标志图像识别算法和中心坐标提取算法。

(3) 提出了一种基于边界搜索的像点坐标提取算法。该算法具有识别准确率高、定位精度高、计算速度快等优点,仿真和实测数据实验均表明,该算法的定位精度可达 0.02 像素。

(4) 利用仿真图像对不同像点坐标提取算法的精度进行了分析。依据均匀散焦退化模型,生成测量标志的仿真图像,验证了椭圆拟合法和灰度加权质心法的定位精度。分析了标志中心位置、噪声以及标志图像半径等因素对像点坐标提取精度的影响。

(5) 分析了标志图像椭圆偏心差的性质;利用仿真数据分析了平面、球内表面、球外表面和圆柱面被测目标上的标志成像椭圆偏心差的分布规律及影响因素;在椭圆偏心差不影响测量精度的要求下,给出了不同被测目标的标志半径选择和摄站布设原则。

第5章 摄影测量数据处理

从图像中自动、准确地提取标志点中心坐标利用的是数字图像处理技术，其作用是为摄影测量提供精确的观测值。而利用像点坐标经过计算最终得到测量标志点的三维坐标则属于摄影测量技术，需解决摄影测量数据处理涉及的一系列问题。

数字工业摄影测量数据处理的核心算法是自检校光束法平差，即以像点坐标为观测值，利用平差方式同时计算物方点坐标、摄站参数和相机参数。共线条件方程是平差的基本方程式，属于非线性方程，经线性化以后得到基本误差方程式，因此平差需要已知各未知参数的初始值。

确定摄站参数初值的过程即为像片概略定向，在数字工业摄影测量中，一般利用定向靶和编码标志实现像片的自动概略定向。在确定物方点坐标初值之前，需先找到物方点在各像片上的同名像点，即像点匹配；然后，即可通过空间前方交会获得物方点坐标初值。相机参数初值的确定较为简单，若相机事先未经过检校，可将其主距 f 设为标称值，像主点坐标及畸变参数均设为0。

数字工业摄影测量中的像点“匹配”与航空摄影测量有所不同。在航空摄影测量中，像点匹配是在核线约束等约束条件下，利用图像灰度信息确定同名像点及其坐标；而在数字工业摄影测量中，由于像点坐标已知，故“匹配”仅用于在不同像片上的已识别像点中找到同名像点。

数字工业摄影测量中的空间前方交会算法与航空摄影测量基本相同，故不再赘述。本章将针对像片自动概略定向、像点自动匹配和自检校光束法平差等三个主要问题进行研究。

5.1 像片自动概略定向

像片定向的目的是确定像片在物方空间坐标系中的位置和姿态，即摄站参数或像片外方位元素，以实现像片坐标系（像平面坐标系、像空间坐标系）与物方空间坐标系之间的相互转换。摄站参数包括三个坐标参数（X_S、Y_S、Z_S）和三个角度参数（R_x、R_y、R_z）。在数字工业摄影测量中，像片自动概略定向需分别解决单张像片定向和多张像片定向两个问题。

5.1.1 基于四个非共线控制点的单张像片空间后方交会

单张像片定向又称为空间后方交会，即利用至少三个控制点计算一张像片的外方位元素(摄站参数),主要有三种方法:角锥法、平差法和直接线性变换法。角锥法主要应用在航空摄影测量,其前提是假设像平面与地面近似平行,而这一假设在数字工业摄影测量中是无法保证的。平差法利用摄站参数的初始近似值通过平差得到其精确值,而像片概略定向的目的即确定近似值,显然该方法也无法使用。直接线性变换法不需要初值,但要求有至少六个非共面控制点,使其应用受到一定限制(邵锡惠,1991;徐青 等,2000;江延川,2001;姚吉利 等,2005)。

本书提出一种基于四个非共线控制点的单张像片空间后方交会直接解法。其基本思想是:首先,计算三个控制点在像空间坐标系中的坐标;然后,通过分解旋转矩阵线性计算摄站参数;最后,利用第四个控制点消除多余解。该算法不需要初值和平差计算,可直接求得单张像片的外方位元素(JANCSO,2004;姚吉利 等,2006;冯其强 等,2008a)。

如图 5.1 所示,$A(X_1,Y_1,Z_1)$、$B(X_2,Y_2,Z_2)$、$C(X_3,Y_3,Z_3)$为三个非共线控制点,到摄站 S 的距离分别为 d_{AS}、d_{BS}、d_{CS},相应像点分别为 $A'(x_1,y_1)$、$B'(x_2,y_2)$、$C'(x_3,y_3)$;$\triangle ABC$ 边长分别记为 d_{AB}、d_{BC}、d_{AC};$\angle ASB$、$\angle BSC$、$\angle ASC$ 分别记为 α、β、γ。

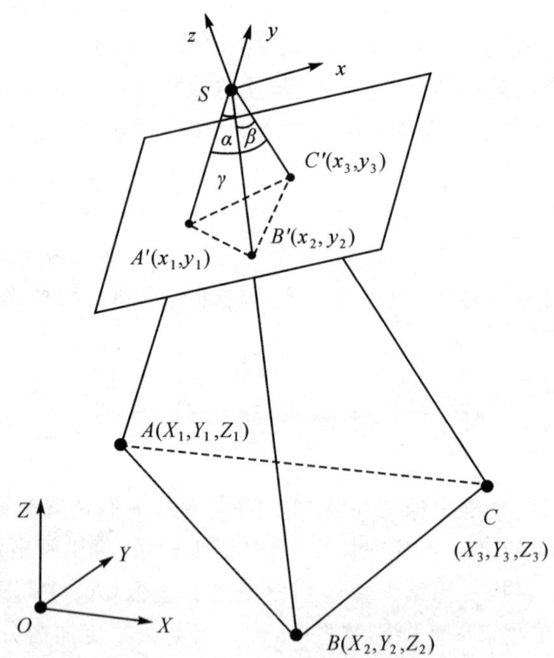

图 5.1 利用三个控制点计算摄站参数

1. 控制点在像空间坐标系中的坐标

在$\triangle ASB$、$\triangle BSC$、$\triangle ASC$ 中,分别由余弦定理可得

$$\left.\begin{aligned} d_{AB}^2 &= d_{AS}^2 + d_{BS}^2 - 2d_{AS}d_{BS}\cos\alpha \\ d_{BC}^2 &= d_{BS}^2 + d_{CS}^2 - 2d_{BS}d_{CS}\cos\beta \\ d_{AC}^2 &= d_{AS}^2 + d_{CS}^2 - 2d_{AS}d_{CS}\cos\gamma \end{aligned}\right\} \tag{5.1}$$

式中，α、β、γ 可在$\triangle A'SB'$、$\triangle B'SC'$、$\triangle A'SC'$中由余弦定理求得，即

$$\left.\begin{aligned} \cos\alpha &= \frac{(d_{SA'}^2 + d_{SB'}^2 - d_{A'B'}^2)}{(2d_{SA'}d_{SB'})} \\ \cos\beta &= \frac{(d_{SB'}^2 + d_{SC'}^2 - d_{B'C'}^2)}{(2d_{SB'}d_{SC'})} \\ \cos\gamma &= \frac{(d_{SA'}^2 + d_{SC'}^2 - d_{A'C'}^2)}{(2d_{SA'}d_{SC'})} \end{aligned}\right\} \tag{5.2}$$

设距离 d_{AS}、d_{BS}、d_{CS} 比值为 $d_{AS}:d_{BS}:d_{CS}=1:n:m$，即

$$\left.\begin{aligned} d_{BS} &= nd_{AS} \\ d_{CS} &= md_{AS} \end{aligned}\right\} \tag{5.3}$$

将式(5.2)和式(5.3)分别代入式(5.1)，可得

$$\left.\begin{aligned} d_{AB}^2 &= d_{AS}^2 + n^2 d_{AS}^2 - 2d_{AS}^2 n\cos\alpha \\ d_{BC}^2 &= n^2 d_{AS}^2 + m^2 d_{AS}^2 - 2d_{AS}^2 nm\cos\beta \\ d_{AC}^2 &= d_{AS}^2 + m^2 d_{AS}^2 - 2d_{AS}^2 m\cos\gamma \end{aligned}\right\} \tag{5.4}$$

将式(5.4)消去 d_{AS}、m，可得

$$w_1 n^4 + w_2 n^3 + w_3 n^2 + w_4 n + w_5 = 0 \tag{5.5}$$

式中

$$w_1 = \left(\frac{d_{AC}^2 - d_{BC}^2}{d_{AB}^2}\right)^2 + 2\,\frac{d_{AC}^2 - d_{BC}^2}{d_{AB}^2} - 4\,\frac{d_{AC}^2}{d_{AB}^2}\cos^2\beta + 1$$

$$w_2 = -4\left(\frac{d_{AC}^2 - d_{BC}^2}{d_{AB}^3}\right)^2\cos\alpha - 4\cos\beta\cos\gamma - 4\,\frac{d_{AC}^2 - d_{BC}^2}{d_{AB}^2}(\cos\alpha + \cos\beta\cos\gamma) + 8\,\frac{d_{AC}^2}{d_{AB}^2}\cos\beta\cos\gamma$$

$$w_3 = 2\left(\frac{d_{AC}^2 - d_{BC}^2}{d_{AB}^2}\right)^2(2\cos^2\alpha + 1) + 4\,\frac{d_{AC}^2 - d_{BC}^2}{d_{AB}^2}(2\cos\alpha\cos\beta + \cos\gamma)\cos\gamma - 4\,\frac{d_{AC}^2}{d_{AB}^2}(\cos^2\beta + \cos^2\gamma + 4\cos\alpha\cos\beta\cos\gamma) + 4(\cos^2\beta + \cos^2\gamma) - 2$$

$$w_4 = -4\left(\frac{d_{AC}^2 - d_{BC}^2}{d_{AB}^2}\right)^2\cos\alpha + 4\,\frac{d_{AC}^2 - d_{BC}^2}{d_{AB}^2}(\cos\alpha - \cos\beta\cos\gamma) + 8\,\frac{d_{AC}^2}{d_{AB}^2}\cos\beta\cos\gamma + 8\,\frac{d_{BC}^2}{d_{AB}^2}\cos\alpha\cos^2\gamma - 4\cos\beta\cos\gamma$$

$$w_5 = \left(\frac{d_{AC}^2 - d_{BC}^2}{d_{AB}^2}\right)^2 - 2\,\frac{d_{AC}^2 - d_{BC}^2}{d_{AB}^2} - 4\,\frac{d_{BC}^2}{d_{AB}^2}\cos^2\gamma + 1$$

式(5.5)为关于 n 的一元四次方程，至少有一个实数解。将其实数解代入

式(5.4)可得三个控制点分别到摄站的距离,即

$$\left.\begin{aligned} d_{AS}&=\sqrt{\frac{d_{AB}^2}{1+n^2-2n\cos\alpha}} \\ d_{BS}&=nd_{AS} \\ d_{CS}&=md_{AS}=\frac{d_{BC}^2-d_{AC}^2+d_{AS}^2-d_{BS}^2}{2(d_{AS}\cos\gamma-d_{BS}\cos\beta)} \end{aligned}\right\} \tag{5.6}$$

在像空间坐标系 $S\text{-}xyz$ 中,像点 A'、B'、C' 坐标分别为 $A'(x_1,y_1,-f)$、$B'(x_2,y_2,-f)$、$C'(x_3,y_3,-f)$,相应投影线 SA'、SB'、SC' 方程分别为

$$\left.\begin{aligned} X_S=kx_{A'},Y_S=ky_{A'},Z_S=-kf \\ X_S=kx_{B'},Y_S=ky_{B'},Z_S=-kf \\ X_S=kx_{C'},Y_S=ky_{C'},Z_S=-kf \end{aligned}\right\} \tag{5.7}$$

由式(5.6)和式(5.7)可得 A、B、C 在像空间坐标系中的坐标(X_{Si},Y_{Si},Z_{Si})分别为

$$\left.\begin{aligned} X_{S_1}&=\frac{ax_1}{\sqrt{x_1^2+y_1^2+f^2}},Y_{S_1}=\frac{ay_1}{\sqrt{x_1^2+y_1^2+f^2}},Z_{S_1}=\frac{-af}{\sqrt{x_1^2+y_1^2+f^2}} \\ X_{S_2}&=\frac{bx_2}{\sqrt{x_2^2+y_2^2+f^2}},Y_{S_2}=\frac{by_2}{\sqrt{x_2^2+y_2^2+f^2}},Z_{S_2}=\frac{-bf}{\sqrt{x_2^2+y_2^2+f^2}} \\ X_{S_3}&=\frac{cx_3}{\sqrt{x_3^2+y_3^2+f^2}},Y_{S_3}=\frac{cy_3}{\sqrt{x_3^2+y_3^2+f^2}},Z_{S_3}=\frac{-cf}{\sqrt{x_3^2+y_3^2+f^2}} \end{aligned}\right\} \tag{5.8}$$

2.计算摄站参数

经上述计算后,三个控制点 A、B、C 在像空间坐标系和物方空间坐标系中的坐标$(X_{S_i},Y_{S_i},Z_{S_i})$、$(X_i,Y_i,Z_i)$均已知。以下通过分解旋转矩阵计算像空间坐标系与物方空间坐标之间的转换参数,即摄站参数。

设旋转矩阵为 $\boldsymbol{R}$,摄站坐标为 $\boldsymbol{T}=(X_S,Y_S,Z_S)^{\mathrm{T}}$,则

$$\begin{pmatrix} X_i \\ Y_i \\ Z_i \end{pmatrix}=\boldsymbol{R}\begin{pmatrix} X_{S_i} \\ Y_{S_i} \\ Z_{S_i} \end{pmatrix}+\boldsymbol{T} \tag{5.9}$$

将旋转矩阵分解表示为罗德里格矩阵为

$$\boldsymbol{R}=(\boldsymbol{I}-\boldsymbol{S})^{-1}(\boldsymbol{I}+\boldsymbol{S}) \tag{5.10}$$

式中,$\boldsymbol{S}$ 为反对称阵,即

$$\boldsymbol{S}=\begin{bmatrix} 0 & -c & b \\ c & 0 & -a \\ -b & a & 0 \end{bmatrix} \tag{5.11}$$

则旋转矩阵可表示为

$$R=\frac{1}{1+a^2+b^2+c^2}\begin{pmatrix}1+a^2-b^2-c^2 & 2(ab-c) & 2(ac+b)\\ 2(ab+c) & 1-a^2+b^2-c^2 & 2(bc-a)\\ 2(ac-b) & 2(bc+a) & 1-a^2-b^2+c^2\end{pmatrix} \tag{5.12}$$

将式(5.10)代入式(5.9)可得

$$-S\begin{pmatrix}X_i+X_{S_i}\\ Y_i+Y_{S_i}\\ Z_i+Z_{S_i}\end{pmatrix}+U=\begin{pmatrix}X_{S_i}-X_i\\ Y_{S_i}-Y_i\\ Z_{S_i}-Z_i\end{pmatrix} \tag{5.13}$$

式中

$$U=-(I-S)T=(u,v,w)^{\mathrm{T}} \tag{5.14}$$

将式(5.14)代入式(5.13),经变换后可得

$$\begin{pmatrix}0 & -Z_i-Z_{S_i} & Y_i+Y_{S_i} & 1 & 0 & 0\\ Z_i+Z_{S_i} & 0 & -X_i-X_{S_i} & 0 & 1 & 0\\ -Y_i-Y_{S_i} & X_i+X_{S_i} & 0 & 0 & 0 & 1\end{pmatrix}D=\begin{pmatrix}X_{S_i}-X_i\\ Y_{S_i}-Y_i\\ Z_{S_i}-Z_i\end{pmatrix} \tag{5.15}$$

式中,$D=(a,b,c,u,v,w)^{\mathrm{T}}$。

由式(5.15)可知,三个控制点共对应九个方程,其矩阵形式如下

$$MD=L \tag{5.16}$$

解此方程组可得

$$D=(M^{\mathrm{T}}M)^{-1}(M^{\mathrm{T}}L) \tag{5.17}$$

将(a,b,c)、(u,v,w)分别代入式(5.12)和式(5.14),便可得到旋转矩阵 R 和摄站坐标 T。旋转矩阵记为

$$R=\begin{pmatrix}a_1 & a_2 & a_3\\ b_1 & b_2 & b_3\\ c_1 & c_2 & c_3\end{pmatrix} \tag{5.18}$$

采用 R_x、R_y、R_z 转角顺序,旋转矩阵各元素值为

$$\left.\begin{aligned}a_1&=\cos R_y\cos R_z\\ a_2&=-\cos R_y\sin R_z\\ a_3&=\sin R_y\\ b_1&=\sin R_x\sin R_y\cos R_z+\cos R_x\sin R_z\\ b_2&=-\sin R_x\sin R_y\sin R_z+\cos R_x\cos R_z\\ b_3&=-\sin R_x\cos R_y\\ c_1&=-\cos R_x\sin R_y\cos R_z+\sin R_x\sin R_z\\ c_2&=\cos R_x\sin R_y\sin R_z+\sin R_x\cos R_z\\ c_3&=\cos R_x\cos R_y\end{aligned}\right\} \tag{5.19}$$

旋转角 R_x、R_y、R_z 可由式(5.20)求得，即

$$\left.\begin{aligned} \tan R_x &= -b_3/c_3 \\ \sin R_y &= a_3 \\ \tan R_z &= -a_2/a_1 \end{aligned}\right\} \tag{5.20}$$

至此，便可求得全部摄站参数值 X_S、Y_S、Z_S、R_x、R_y、R_z。

3. 确定唯一解

式(5.5)为关于 n 的一元四次方程，故除真实的 n 值外，该方程还可能存在1～3个不等的实增根，从而对应多组摄站参数。此时，可利用第四个控制点 D，分别计算其在各组摄站参数下的像点坐标，并与其实际像点坐标进行比较，取坐标差值最小的一组摄站参数即为正确解。

5.1.2 基于定向靶和编码标志的多张像片自动概略定向

在数字工业摄影测量中，初始物方空间坐标系由定向靶确定，定向靶点可作为控制点对像片实施概略定向。然而，在测量大尺寸目标或较复杂目标(如球外表面)时，不能保证定向靶在所有像片都成像，此时，需要利用编码标志作为连接点完成所有像片的自动概略定向(冯其强 等，2008b)。

以图 5.2 为例说明多张像片的概略定向过程。1～6 号点为编码标志点，像片 I_1、I_2 均含有定向靶，故首先对其进行定向；然后，利用像片 I_1、I_2 进行空间前方交会，计算 1～4 号点坐标，并以其作为控制点对像片 I_3、I_4 进行定向；最后，利用像片 I_3、I_4 通过空间前方交会计算 5、6 号点坐标，并以 3～6 号点作为控制点完成像片 I_5、I_6 的定向。

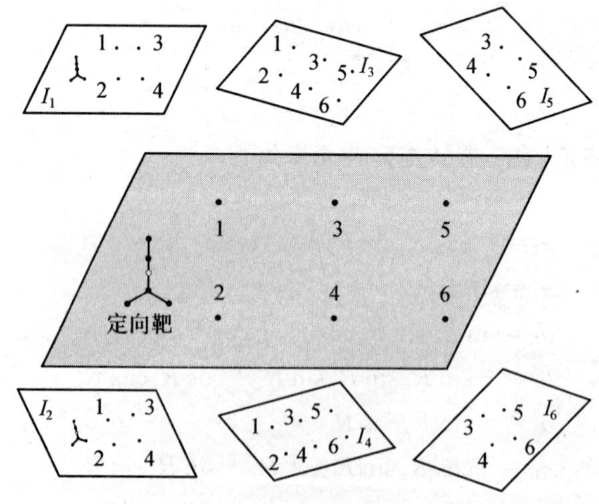

图 5.2 多张像片概略定向示意图

可以看出，利用定向靶和编码标志实施多张像片自动概略定向的步骤为：

(1)对所有含自动定向棒的像片，利用单像空间后方交会方法进行定向。

(2)对各编码标志点，判断其是否在 2 张以上(含 2 张)已定向像片上成像。若是，则利用空间前方交会方法计算该编码标志点在物方空间坐标系中的坐标。

(3)对所有未定向像片，判断其是否含有 4 个以上(含 4 个)已知物方坐标的编码标志点。若有，则利用单像空间后方交会方法进行定向。

(4)重复步骤(2)～(3)，直至没有新像片，完成定向。

需要指出的是，为抑制定向过程中的误差累积，在每次前方交会计算出新编码标志点坐标或后方交会计算出新摄站参数后，需进行一次光束法平差，并将精度过低的像片和编码标志点作为粗差予以去除。

图 5.3 为多张像片概略定向流程图。

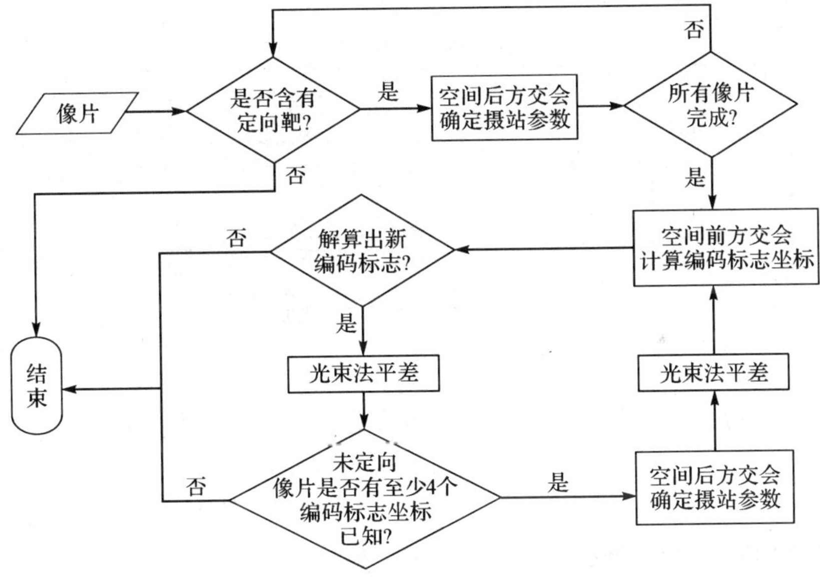

图 5.3　多张像片自动概略定向流程图

5.1.3　实验及结论

为验证本书提出的像片自动概略定向算法的性能，选取某 17.2 m 口径星载网状天线测量数据进行多张像片自动概略定向实验(图 5.4)。利用 V-STARS 系统的 AutoBar 作为定向靶，尺寸为 106.1 mm×127 mm×12.7 mm，将其置于天线边缘。编码标志均匀分布于天线范围内，共计 71 个。采用尼康 D2H 相机拍摄像片，摄站环绕天线布设，共计 133 个摄站，摄影距离约为 7 m。

(a) 天线测量现场

(b) 定向靶、编码标志及摄站分布

图 5.4 17.2 m 口径星载网状天线

定向靶共在 10 张像片上成像，经 5 次迭代后完成其余 122 张像片的概略定向，耗时 4.45 s。迭代过程中的信息统计见表 5.1。

表 5.1 像片概略定向迭代信息统计

迭代次数	新编码标志坐标	像点坐标残差/μm		新像片摄站参数	像点坐标残差/μm	
		平差前	平差后		平差前	平差后
1	15	81.27	1.33	14	1.94	1.19
2	16	2.49	1.22	31	1.63	1.15
3	15	2.13	1.16	32	1.88	1.13
4	20	2.91	1.16	43	4.38	1.28
5	5	2.15	1.33	3	1.60	1.32

分析上述实验结果可以看出：

(1)单张像片空间后方交会算法的精度取决于摄影距离和控制点分布的范围大小。采用尺寸较小的定向靶定向时，摄站参数误差较大，像点坐标残差达到 81.27 μm，而采用分布范围较广的编码标志定向时误差较小，像点坐标残差降至 5 μm以内。不难理解，利用小范围内的少量控制点确定远距离的像片位置和姿态，其精度必然较低。

(2)光束法平差能有效抑制定向过程中的误差累积。从表 5.1 可以看出，每当计算出新的编码标志坐标和像片摄站参数后，像点坐标残差均有所增大，而经光束法平差后，残差便始终保持在 1～1.5 μm。可见，若不采用光束法平差，则空间前方交会和后方交会误差将在定向过程中持续累积，导致后续编码标志点坐标和像片摄站参数精度越来越差，当迭代次数较多时，极有可能致使定向无法完成。

(3)在定向过程中，可用物方点和像片均较少，故无法在光束法平差中同时检校相机畸变，从而使像点坐标残差较大。因此，在概略定向完成后，若编码标志和像片数较多，则需实施自检校光束法平差，以提高摄站参数和相机畸变参数的精度，为后续的像点自动匹配提供精度保证。

另外，定向算法计算速度较快，利用编码标志迭代完成 122 张像片的定向仅需 4.45 s，可满足数字工业摄影测量数据现场处理的要求。

5.2　像点自动匹配

像点匹配即确定物方点在不同像片上对应的同名像点，是实现摄影测量自动化的关键技术之一。当采用回光反射标志作为测量点时，各标志的图像具有基本一致的灰度分布规律，采用基于灰度相关的匹配算法难以实现其自动匹配。因此，在数字工业摄影测量中，像点自动匹配只能利用同名像点间的空间几何关系完成(CHEN et al，1994；ARIYAWANSA et al，1997；OTEPKA et al，2002)。

本节将介绍像点匹配常用的核线约束条件及基于核线约束的匹配算法，分析核线约束的不足进而提出一种新的基于已知点和核面约束的分组匹配算法，并通过实验验证不同算法的性能。

5.2.1　基于核线约束的像点匹配算法

1. 核线约束条件

核线约束是解决摄影测量同名像点匹配的重要约束条件。图 5.5 所示为一个立体像对，物方点 P 在像片 I_1 和 I_2 上分别成像为 p_1 和 p_2，即同名像点；物方点 P、投影中心 S_1 和 S_2 三点共面，该平面即为物方点 P 对应的核面；核面与各像平面的交线(l_1、l_2)称为核线。显然，同名像点 p_1 和 p_2 一定在其相应核线 l_1 和 l_2 上。受相机畸变及其他误差的影响，实际像点可能不会严格位于核线上，而与其有一微小距离 d(马颂德 等，1998；王之卓，2007)。

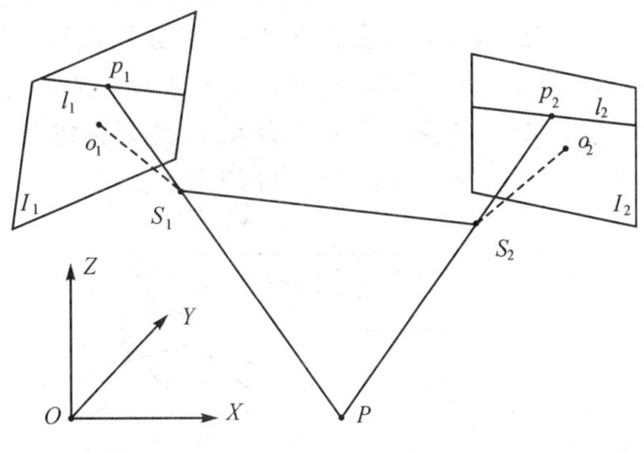

图 5.5　核线示意图

2. 核线的计算

利用核线约束实施像点匹配，首先要计算出给定像点在其他像片上的对应核线，其前提是相机参数、摄站参数和像点坐标均已知。

以图 5.5 为例，设像点 p_1 在 S_1 像空间坐标系中的坐标为(x_1, y_1, z_1)，在 S_2 像空间坐标系中的坐标为(x, y, z)，则有

$$\begin{bmatrix} x \\ y \\ z \end{bmatrix} = \boldsymbol{M}_2^{\mathrm{T}} \left(\boldsymbol{M}_1 \begin{bmatrix} x_1 \\ y_1 \\ z_1 \end{bmatrix} + \begin{bmatrix} X_{S_1} - X_{S_1} \\ Y_{S_1} - Y_{S_2} \\ Z_{S_1} - Z_{S_2} \end{bmatrix} \right) \tag{5.21}$$

式中，(X_S, Y_S, Z_S)为像片投影中心在物方空间坐标系中的坐标，$\boldsymbol{M}_1$ 和 $\boldsymbol{M}_2$ 为像空间坐标系相对于物方空间坐标系的旋转矩阵。在 S_1 像空间坐标系中，S_1 和 p_1 的坐标已知，分别为(0,0,0)和($x_1, y_1, -f$)。根据式(5.21)，可得 S_1 和 p_1 在 S_2 像空间坐标系中的坐标，分别记为($X_{S_{12}}, Y_{S_{12}}, Z_{S_{12}}$)和($x_{12}, y_{12}, z_{12}$)。

由 S_1、p_1 和 S_2 三点共面(核面)，可得核面在 S_2 像空间坐标系中的方程为

$$\begin{vmatrix} x & y & z \\ X_{S_{12}} & Y_{S_{12}} & Z_{S_{12}} \\ x_{12} & y_{12} & z_{12} \end{vmatrix} = 0 \tag{5.22}$$

在 S_2 像空间坐标系下，像平面 I_2 的平面方程为

$$z = -f \tag{5.23}$$

将式(5.23)代入式(5.22)，即可得像点 p_1 在像平面 I_2 上的对应核线方程为

$$\begin{vmatrix} Y_{S_{12}} & Z_{S_{12}} \\ y_{12} & z_{12} \end{vmatrix} x - \begin{vmatrix} X_{S_{12}} & Z_{S_{12}} \\ x_{12} & z_{12} \end{vmatrix} y - \begin{vmatrix} X_{S_{12}} & Y_{S_{12}} \\ x_{12} & y_{12} \end{vmatrix} \cdot f = 0 \tag{5.24}$$

3. 匹配方案

理论上，只要有两张像片就可以进行像点自动匹配。但在数字工业摄影测量中，由于各标志点成像的像片数量都很多，为保证匹配的准确性，像点匹配一般以三张像片为一组。基于核线约束的匹配过程分两步进行：首先经初始匹配确定初始匹配像点，然后精确匹配确定唯一的同名像点(黄桂平，2005；王保丰 等，2006a)。

以图 5.6 为例，物方点 P 在像片 I_1 上的像点 p_1 为目标像点，p_2、p_3 为其分别在待匹配像片 I_1、I_2 上的同名像点，L_{21}、L_{31} 为相应核线。

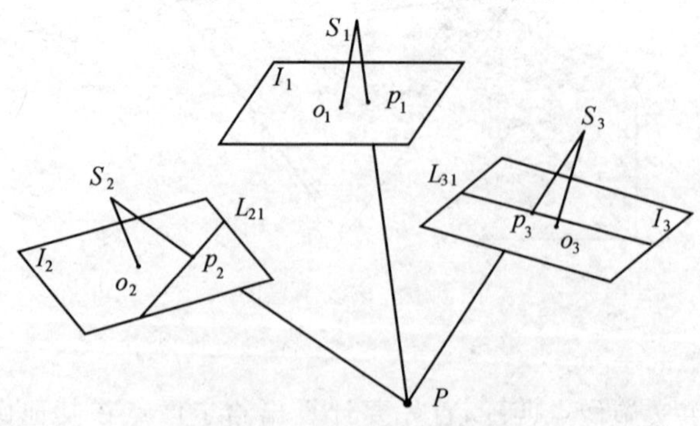

图 5.6　核线匹配示意图

核线匹配的过程大致如下：

(1)初始匹配。如前所述，由于各种误差的影响，同名像点通常偏离相应核线一定距离。因此，在初始匹配过程中，给定距离阈值 ε，在待匹配像片 I_1、I_2 上分别搜索所有到核线 L_{21}、L_{31} 距离小于 ε 的像点，分别记为初始匹配像点集合 G_1、G_2。如图 5.7 所示，$G_1=\{p_2, p_{21}, p_{22}, p_{23}\}$，$G_2=\{p_2, p_{31}, p_{32}, p_{33}\}$。

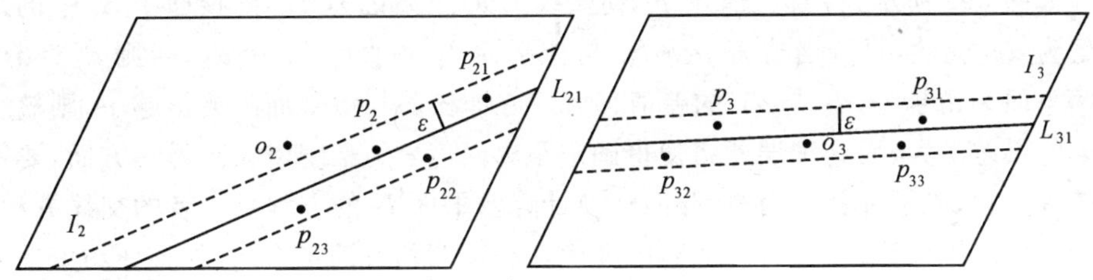

图 5.7　初始匹配结果

(2)精确匹配。对 G_1 中的所有初始匹配像点，按上述方法分别计算其在像片 I_3 上的相应核线 L_{32}、L_{321}、L_{322}、L_{323}，与 L_{31} 的交点记为 $G_3=\{p_{32}, p_{321}, p_{322}, p_{323}\}$，如图 5.8 所示。找出 G_3 和 G_2 两组像点之间距离最小的两点，则其分别在像片 I_2 和 I_3 上的对应像点就是像片 I_1 上 p_1 点的同名像点。如图 5.8 中，最近的两点为 p_{32} 和 p_3，在像片 I_2 和 I_3 上的对应像点分别为 p_2、p_3，即 p_1 的同名像点为 p_2、p_3。

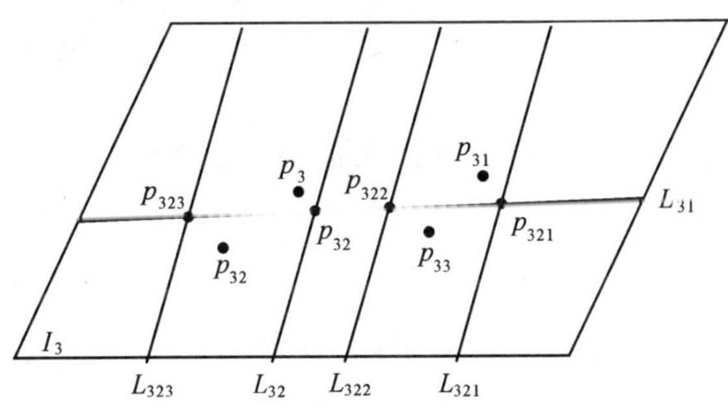

图 5.8　精确匹配结果

以上即为基于三张像片的核线匹配过程，若像片多于三张，可将其按每三张一组进行分组匹配，并将各组的匹配结果进行综合即可得到最终匹配结果。

5.2.2　基于已知点和核面约束的像点分组匹配算法

在对核线匹配研究的基础上，本书将待匹配像点到相应核面距离作为约束条件，并按照已知点对像片进行分组，提出一种基于已知点和核面约束的像点分组匹配算法。

1.核面约束条件

核线约束将核面条件转化到像平面上，即将二维约束简化为一维约束，其本质是同名像点与其所在像片的投影中心（以及对应物方点）共面。像点到相应核线的距离在一定程度上反映了同名像点与相应像片投影中心的共面程度，但并非其准确表达。能够准确描述共面程度的是像点到相应核面（而非核线）的距离。

如图 5.9 所示，将候选像点 p_2 到核线 L 的距离记为 d_L，到核面 $p_1S_1S_2$ 的距离记为 d_E，显然，只有当核面 $p_1S_1S_2$ 与像平面 I_2 垂直时，$d_L=d_E$，否则 $d_L>d_E$，且两平面夹角越小，d_L 与 d_E 的差值越大。亦即核面与像平面的夹角越小，则核线约束的误差越大，而这种误差将使得确定距离阈值 ε 的难度增大。另一方面，要得到核线方程，除了计算核面方程外，还要计算像平面 I_2 的方程及二者的交线方程，这无疑增加了计算量。因此，从匹配准确性和速度两方面考虑，选择核面约束作为像点自动匹配的约束条件更为合适，即凡是到相应核面的距离小于给定阈值的所有像点均作为初始匹配像点。

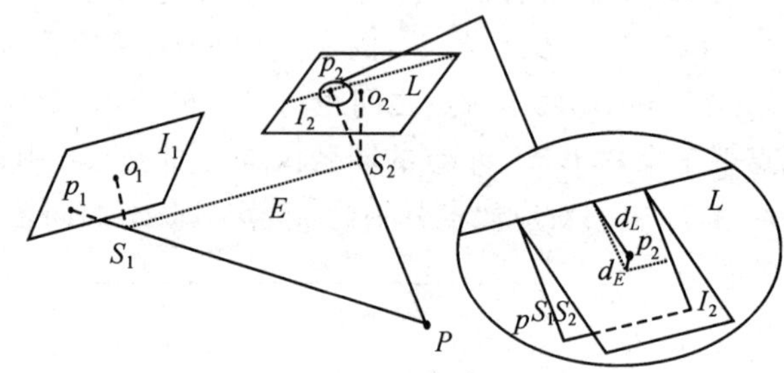

图 5.9 核线约束与核面约束的区别

2.像点到核面的距离

为计算候选像点到核面的距离，首先将所有像点坐标统一到物方空间坐标系中，并计算核面方程。以图 5.9 为例，相机主距为 f，像主点在像平面内的坐标为 (x_0,y_0)，像点 p_1 坐标为 (x_1,y_1)，所在像片 I_1 摄站坐标为 $(X_{S_1},Y_{S_1},Z_{S_1})$，旋转矩阵为

$$\boldsymbol{M}_1=\begin{bmatrix} a_{11} & a_{12} & a_{13} \\ b_{11} & b_{12} & b_{13} \\ c_{11} & c_{12} & c_{13} \end{bmatrix} \tag{5.25}$$

则像点 p_1 在物方空间坐标系中的坐标为

$$\begin{bmatrix} X_1 \\ Y_1 \\ Z_1 \end{bmatrix}=\boldsymbol{M}_1\begin{bmatrix} x_1-x_0 \\ y_1-y_0 \\ -f \end{bmatrix}+\begin{bmatrix} X_{S_1} \\ Y_{S_1} \\ Z_{S_1} \end{bmatrix} \tag{5.26}$$

像点 p_1 与像片 I_1、I_2 投影中心构成的核面方程 E 为

$$\begin{vmatrix} X-X_1 & Y-Y_1 & Z-Z_1 \\ X_{S_1}-X_1 & Y_{S_1}-Y_1 & Z_{S_1}-Z_1 \\ X_{S_2}-X_1 & Y_{S_2}-Y_1 & Z_{S_2}-Z_1 \end{vmatrix}=0 \tag{5.27}$$

写成一般式为

$$AX+BY+CZ+D=0 \tag{5.28}$$

像点 p_2 到核面 E 的距离即为

$$d=\frac{|AX_2+BY_2+CZ_2+D|}{\sqrt{A^2+B^2+C^2}} \tag{5.29}$$

式中，(X_2,Y_2,Z_2)为像点 p_2 在物方空间坐标系中的坐标。

3.单组像片匹配

与核线匹配类似，基于已知点和核面约束的匹配算法同样以三张像片作为最小匹配单元，各组像片的匹配过程如下：

(1)将三张像片上的所有像点坐标转换到物方空间坐标系内。

(2)依次选取第一张像片 I_1 上的各未匹配像点为目标像点，计算其在另两张像片 I_2、I_3 上的对应核面 E_{12}、E_{13}。

(3)给定距离阈值 ε，分别计算像片 I_2、I_3 上各候选像点到相应核面的距离 d，若 $d<\varepsilon$，则将其标记为初始匹配像点。两像片 I_2、I_3 上的初始匹配像点集合分别记为 G_1、G_2。

(4)若 G_1、G_2 至少有一个为空，则该目标像点匹配失败，继续下一目标像点的匹配。否则，计算 G_1 中各像点在像片 I_3 上的对应核面 E_{23} 及 G_2 中各像点到核面 E_{23} 的距离 $\tilde{d}$，若 $\tilde{d}<\varepsilon$，则将其标记为最终匹配像点。两像片 I_2、I_3 上的最终匹配像点集合分别记为 $\tilde{G}_1$、$\tilde{G}_2$。

(5)若 $\tilde{G}_1$、$\tilde{G}_2$ 中均只有一个像点，即为目标像点的同名像点；否则，目标像点匹配失败，继续下一目标像点的匹配。

4.像片组几何质量

理论上，只要利用两张像片就可进行像点自动匹配，但由于各类误差的干扰，需利用第三张像片消除由误差引起的误匹配。而三张像片如何选择，即如何对所有像片实施分组，则要考虑像片间的几何关系。

如图5.10所示，第三张像片 I_3 之所以能消除误匹配，是因为核面 $p_1S_1S_3$ 与 $p_2S_2S_3$ 相交，反映在像片 I_3 上即为核线 L_{13} 与 L_{23} 相交于同名像点 p_3。若在核面 $p_1S_1S_2$ 上存在干扰像点 p_2'，则其在像片 I_3 上的同名像点 p_3' 不在核面 $p_1S_1S_3$ 内，因此，不会出现误匹配。但若 P、S_1、S_2、S_3 四点共面，则核面 $p_1S_1S_2$ 与 $p_1S_1S_3$ 重合，像点 p_3' 将同样位于核面 $p_1S_1S_3$ 内，从而使(p_1,p_2,p_3)、(p_1,p_2',p_3')都有可能是同名像点，导致无法正确匹配。亦即，如果核面 $p_1S_1S_3$ 与 $p_2S_2S_3$ 重合，则第三

张像片 I_3 不能提供更多的约束，此时，相当于只利用像片 I_1、I_2 进行匹配。

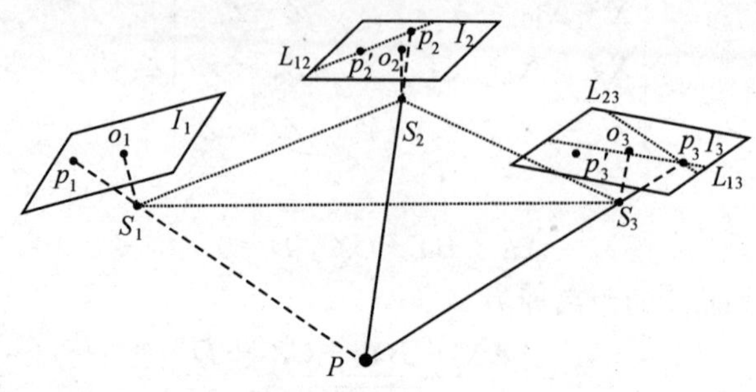

图 5.10 像片几何质量

为避免这一现象，应使同一组像片 I_1、I_2、I_3 的投影中心 S_1、S_2、S_3 和物方点 P 不共面。但在实际匹配中，物方点 P 的坐标未知，且难以保证该条件对所有物方点均成立。考虑到在一次测量中各像片的摄影距离变化较小，可令 S_1、S_2、S_3 尽可能不共线，一般便可保证 S_1、S_2、S_3、P 不共面。

为此，选择$\triangle S_1S_2S_3$ 的最大内角 $\alpha_{\max}$作为对像片 I_1、I_2、I_3 的几何质量 $T_{I_1I_2I_3}$ 进行定量检验的依据，具体公式为

$$T_{I_1I_2I_3}=-\frac{1}{120^\circ}\alpha_{\max}+\frac{3}{2} \tag{5.30}$$

该函数图形如图 5.11 所示。当 $\alpha_{\max}=60^\circ$（$\triangle S_1S_2S_3$ 为等边三角形）时，几何质量最好，$T_{I_1I_2I_3}=1$；当 $\alpha_{\max}=180^\circ$（S_1、S_2、S_3 共线）时，几何质量最差，$T_{I_1I_2I_3}=0$。根据经验，当几何质量 $T_{I_1I_2I_3}\geqslant 0.4$，即 $\alpha_{\max}\leqslant 132^\circ$时，匹配效果较好，基本不会产生误匹配。

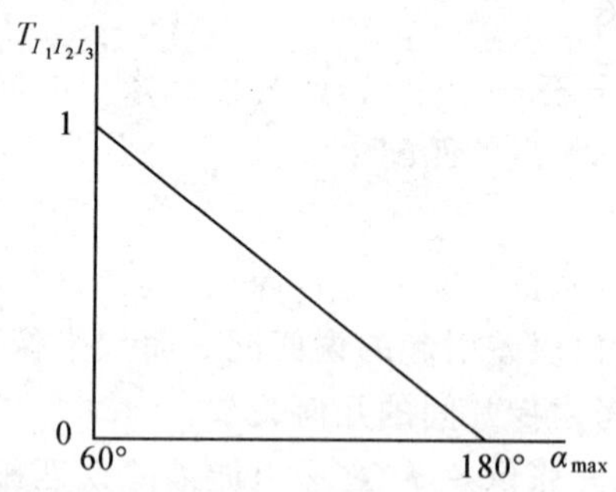

图 5.11 几何质量

5. 所有像片匹配

在近景摄影测量中，一次测量拍摄的像片少则几十张，多则数百张，将像片按 3 张一组进行组合，得到的组合数量极大，难以对每一种组合都进行匹配。另外，

当被测目标尺寸较大时，多采用部分重叠摄影，即有些像片之间没有重叠区域，对这些像片组合进行匹配非但没有意义，反而容易造成误匹配，如图 5.12 所示。

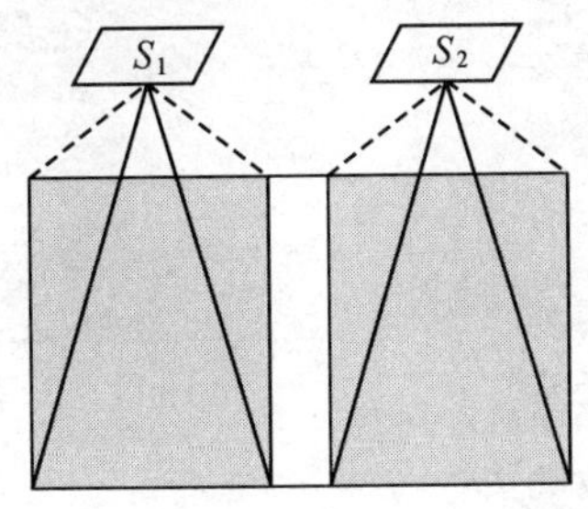

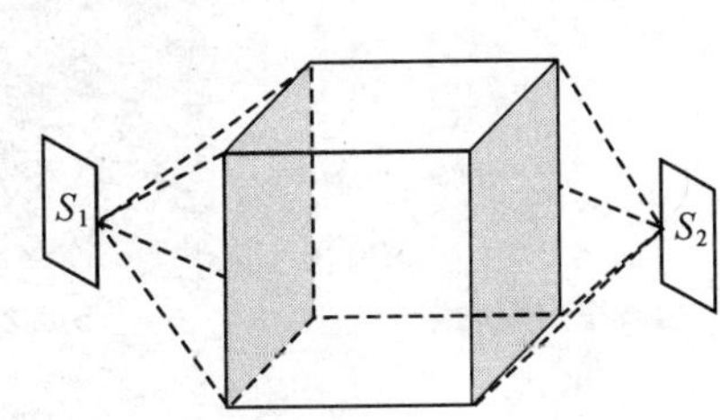

图 5.12　无重叠区域的像片

综上考虑，为提高匹配速度及匹配准确性，采用基于已知物方点的像片分组方法，将像片按是否含有相同已知物方点划分为若干组，然后对每一组像片计算几何质量较好的部分组合进行匹配，最后利用物方点反算在其他像片上的同名像点。此处采用的已知物方点为定向靶点和编码标志点。由于同一组像片中都含有相同的已知点，可以保证每组像片一定有重叠区域。

假定一次测量共拍摄 m 张像片 $I_1 \sim I_m$，有 n 个已知点 $P_1 \sim P_n$，则具体匹配过程如下：

(1)对每一个已知点 P_i，在 $I_1 \sim I_m$ 中搜索其所有成像的像片，其集合记为 $Q_i(i=1 \sim n)$。

(2)对 Q_i 中的像片，按 3 张一组进行组合，计算所有组合的几何质量。选择几何质量最好的前 s 个组合，记为 $Q(\sim)_i$。根据经验，s 的取值范围为 $10 \leqslant s \leqslant 20$。

(3)对 $Q(\sim)_i$ 中的每一种组合，按 3 张像片匹配方法进行匹配，匹配出的所有同名像点对应物方点集合记为 O_i，并通过前方交会计算 O_i 中所有物方点的三维坐标。

(4)反算 O_i 中的物方点在其他$(m-3)$张像片上的对应像点坐标，根据距离阈值 ε 寻找同名像点。

5.2.3　实验

为验证匹配算法性能，分别选取室内控制架、某 2.8 m 口径星载天线、“探月工程”50 m 口径测控天线等三组测量数据进行实验(图 5.13)。2.8 m 口径星载天线采用尼康 D2H 相机拍摄，其余两组采用 INCA3 相机拍摄。作为比对，分别采用三种匹配方法，即基于核线约束的匹配算法(算法 1)、V-STARS 软件(算法 2)和基于已知点和核面约束的分组匹配算法(算法 3)。由于 V-STARS 软件难以在匹配过程中对像点进行统计和干预，此处只给出物方点数和计算时间的概略统计。表 5.2 为实验所用测量数据统计，表5.3为实验结果统计。

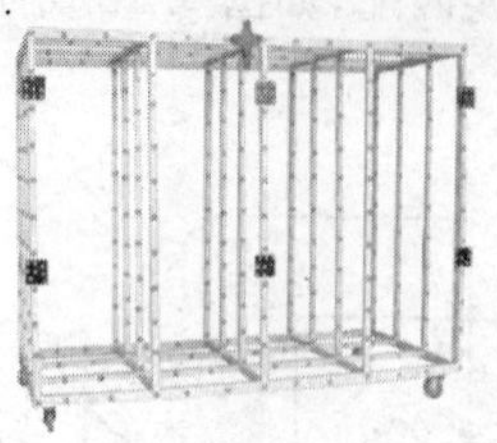
(a) 室内控制架

(b) 2.8 m口径天线

(c) 50 m口径天线

图5.13　实验数据实物图

表5.2　匹配实验测量数据统计

统计量	室内控制架	2.8 m 口径天线	50 m 口径天线
像片	90	26	110
像点	21 608	10 532	10 067
已知物方点	14	22	49

表5.3　匹配实验结果

统计量	室内控制架			2.8 m 口径天线			50 m 口径天线		
	算法1	算法2	算法3	算法1	算法2	算法3	算法1	算法2	算法3
匹配成功像点数	20 846		21 596	9 652		10 441	8 258		9 635
剩余像点数	762		12	880		91	1809		432
误匹配像点数	9		2	8		0	10		0
匹配出物方点数	272	294	284	630	707	706	645	869	819
耗时/s	6.4	57.5	4.6	9.1	2.0	2.9	6.0	6.8	5.0

图5.14为算法3匹配出的物方点三维分布图。

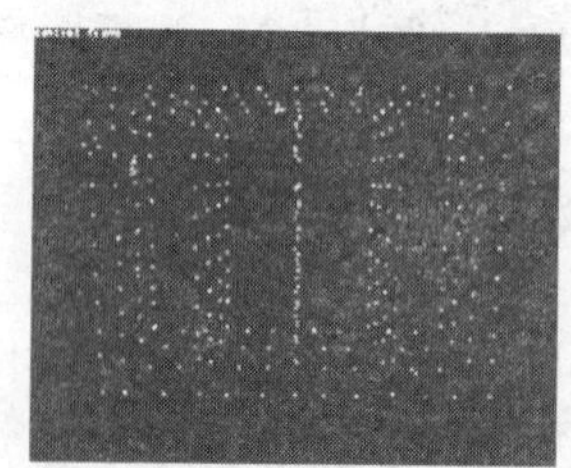
(a) 室内控制架

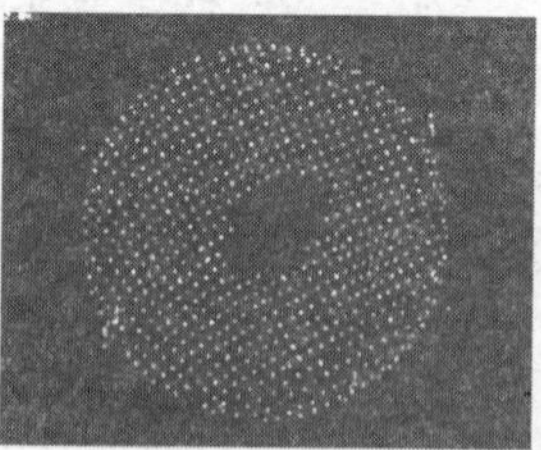
(b) 2.8 m口径天线

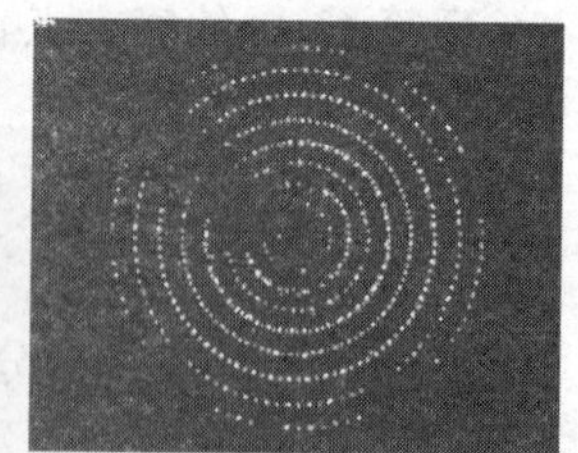
(c) 50 m口径天线

图5.14　算法3匹配出的物方点

分析上述实验结果可以看出，基于已知点和核面约束的像点分组匹配算法整体性能优于基于核线约束的匹配算法，与V-STARS软件性能相当。该算法具有以下特点：

(1) 匹配速度快，对约 100 张像片、10 000 多像点进行匹配只需数秒时间。

(2) 匹配率高，能正确匹配出 95%以上的像点。

(3) 误匹配率低，三组数据中只有一组出现了 2 个误匹配像点，误匹配率低于 0.1‰。

(4) 完全重叠摄影(控制架、2.8 m 口径天线)比部分重叠摄影(50 m 口径天线)的匹配速度快，其原因是前者只需少数像片组合便能得到所有物方点坐标，其余像片上的同名像点只需利用物方点反算即可得到。

5.2.4　结论

与航空摄影测量相比，数字工业摄影测量中的像点匹配有其自身的特点，主要表现在：

(1) 摄站布设灵活、方便，可以在多个不同位置对同一目标拍摄大量像片，以保证有足够的多余观测，同时为像点匹配提供了更多可用的约束条件。

(2) 回光反射标志的采用使得匹配过程中无像点灰度信息可用，只能依靠空间几何约束条件。

(3) 被测对象的复杂性和摄站布设的灵活性导致极易出现遮挡现象。

(4) 标志点的大量、密集布设使得单纯采用核线约束难以从众多像点中准确地匹配出同名像点。

基于已知点和核面约束的像点匹配算法效果较为理想。利用已知点对像片进行分组，可避免在无重叠像片之间进行没有意义的匹配，在提高匹配速度的同时也降低了误匹配的概率；利用核面约束代替核线约束，可避免由像片倾斜引起的误差放大，从而提高匹配的准确性。

尽管如此，任何一种匹配算法都无法保证 100%的匹配正确率。为降低误匹配概率，应保证相机参数、像片外方位元素及像点坐标具有较高的精度，如在匹配前进行(自检校)光束法平差。对于误匹配像点，一方面，可在后续光束法平差中采用粗差检测方法将其去除；另一方面，也可在物方点三维显示中对照标志点实际布设情况予以手动剔除。

5.3　自检校光束法平差快速计算

光束法平差以像点坐标为观测值，将共线条件方程线性化得到主要误差方程式，利用平差方法同时计算物方点坐标和摄站参数，是摄影测量的核心算法之一。若将相机参数(相机内参数和畸变参数)作为未知参数附加在误差方程中，在计算物方点坐标和摄站参数的同时得到相机参数值，则为自检校光束法平差。由于无需额外增加观测值便能精确检校相机畸变差以有效提高测量精度，自检校光束法平差在数字工业摄影测量中具有广泛应用。

本节将利用逐点法化消元方法实现自检校光束法平差的快速计算，并针对长度基准、粗差检测等相关问题进行研究。

5.3.1 基于逐点法化消元法的自检校光束法平差快速计算

自检校光束法平差包含三类未知参数：物方点坐标、摄站参数和相机参数。由于测量中通常布设大量的标志点和摄站，参与平差的误差方程式数量和法方程系数矩阵的阶数都非常大。例如，假设对 500 个标志点拍摄 100 张像片，每个标志在所有像片上均成像，相机畸变模型采用 10 参数模型，则仅由共线条件方程线性化得到的误差方程式就有 $500\times100\times2=10^5$ 个，法方程系数矩阵的阶数高达 $500\times3+100\times6+10=2\,110$ 阶。若利用误差方程式组建整体法方程式，并同时解算所有未知参数，则计算速度将极慢。

逐点法化消元法是摄影测量中实现光束法平差快速计算的常用方法，其基本原理是在每个像点对应的误差方程式中消去物方点坐标，仅保留摄站参数，且不组建整体误差方程式矩阵，而直接构建法方程式，以提高平差速度。如上例中，若消去物方点坐标，则法方程系数矩阵的阶数将从 2 110 阶锐减至 610 阶，计算量明显减小。在航空摄影测量中，相机检校通常在测量前完成，故光束法平差中一般只含物方点坐标和摄站参数两类未知参数。

在高精度数字工业摄影测量中，多采用自检校光束法平差以在计算物方点坐标的同时对相机进行检校，且一般不使用控制点。针对此特点，以消除物方点坐标参数为例，推导无控制点条件下的自检校光束法平差逐点法化消元法快速计算方法。

1. 含畸变改正值的共线条件方程

记相机主距为 f，像点在像空间坐标系中的坐标为 (x,y)，像主点坐标为 (x_0,y_0)，畸变改正值为 $(\Delta x,\Delta y)$，对应物方点坐标为 (X,Y,Z)，像空间坐标系到物方空间坐标系的旋转矩阵为

$$\boldsymbol{M}=\begin{bmatrix} a_1 & a_2 & a_3 \\ b_1 & b_2 & b_3 \\ c_1 & c_2 & c_3 \end{bmatrix} \tag{5.31}$$

则含畸变改正值的共线条件方程为

$$\left.\begin{aligned} x-x_0+\Delta x&=-f\frac{a_1(X-X_S)+b_1(Y-Y_S)+c_1(Z-Z_S)}{a_3(X-X_S)+b_3(Y-Y_S)+c_3(Z-Z_S)} \\ y-y_0+\Delta y&=-f\frac{a_2(X-X_S)+b_2(Y-Y_S)+c_2(Z-Z_S)}{a_3(X-X_S)+b_3(Y-Y_S)+c_3(Z-Z_S)} \end{aligned}\right\} \tag{5.32}$$

将上式线性化，得到误差方程式为

$$\boldsymbol{V}=\boldsymbol{AX}+\boldsymbol{BY}+\boldsymbol{CZ}-\boldsymbol{L} \tag{5.33}$$

式中，$\boldsymbol{X}$、$\boldsymbol{Y}$、$\boldsymbol{Z}$ 分别为物方点坐标、摄站参数和相机参数改正值，$\boldsymbol{A}$、$\boldsymbol{B}$、$\boldsymbol{C}$ 为对应误差方程系数矩阵，$\boldsymbol{L}$ 为常数项矩阵。为便于描述，权矩阵取为单位阵。

2.一般误差方程式

光束法平差的一般误差方程式主要有三类：由共线条件方程线性化得到的基本误差方程式、为确定坐标系原点和坐标轴方向引入的误差方程式，以及为确定坐标系长度基准引入的误差方程式。

1)基本误差方程式

设一次测量中共有 n 个物方点、m 张像片。若第 i 个物方点在第 j 张像片上成像，根据式(5.33)，其共线方程线性化后为

$$\boldsymbol{V}_{ij}=\boldsymbol{A}_{ij}\boldsymbol{X}_i+\boldsymbol{B}_{ij}\boldsymbol{Y}_j+\boldsymbol{C}_{ij}\boldsymbol{Z}-\boldsymbol{L}_{ij} \tag{5.34}$$

第 i 个物方点在所有 m 张像片上成像，其共线条件方程线性化后为

$$\left.\begin{array}{c}\boldsymbol{V}_{i1}=\boldsymbol{A}_{i1}\boldsymbol{X}_i+\boldsymbol{B}_{i1}\boldsymbol{Y}_1+\boldsymbol{C}_{i1}\boldsymbol{Z}-\boldsymbol{L}_{i1}\\ \boldsymbol{V}_{i2}=\boldsymbol{A}_{i2}\boldsymbol{X}_i+\boldsymbol{B}_{i2}\boldsymbol{Y}_2+\boldsymbol{C}_{i2}\boldsymbol{Z}-\boldsymbol{L}_{i2}\\ \vdots\\ \boldsymbol{V}_{im}=\boldsymbol{A}_{im}\boldsymbol{X}_i+\boldsymbol{B}_{im}\boldsymbol{Y}_m+\boldsymbol{C}_{im}\boldsymbol{Z}-\boldsymbol{L}_{im}\end{array}\right\} \tag{5.35}$$

将式(5.35)记为矩阵形式为

$$\boldsymbol{V}_i=\boldsymbol{A}_iX_i+\boldsymbol{B}_i\boldsymbol{Y}+\boldsymbol{C}_i\boldsymbol{Z}-\boldsymbol{L}_i \tag{5.36}$$

式中

$$\boldsymbol{A}_i=\begin{pmatrix}\boldsymbol{A}_{i1}\\ \boldsymbol{A}_{i2}\\ \vdots\\ \boldsymbol{A}_{im}\end{pmatrix},\boldsymbol{B}_i=\begin{pmatrix}\boldsymbol{B}_{i1}&&&\\&\boldsymbol{B}_{i2}&&\\&&\ddots&\\&&&\boldsymbol{B}_{im}\end{pmatrix},\boldsymbol{C}_i=\begin{pmatrix}\boldsymbol{C}_{i1}\\ \boldsymbol{C}_{i2}\\ \vdots\\ \boldsymbol{C}_{im}\end{pmatrix},\boldsymbol{Y}_i=\begin{pmatrix}\boldsymbol{Y}_1\\ \boldsymbol{Y}_2\\ \vdots\\ \boldsymbol{Y}_m\end{pmatrix},\boldsymbol{L}_i=\begin{pmatrix}\boldsymbol{L}_{i1}\\ \boldsymbol{L}_{i2}\\ \vdots\\ \boldsymbol{L}_{im}\end{pmatrix},\boldsymbol{V}_i=\begin{pmatrix}\boldsymbol{V}_{i1}\\ \boldsymbol{V}_{i2}\\ \vdots\\ \boldsymbol{V}_{im}\end{pmatrix}$$

所有 n 个物方点在 m 张像片上的像点对应的误差方程式为

$$\left.\begin{array}{c}\boldsymbol{V}_1=\boldsymbol{A}_1\boldsymbol{X}_1+\boldsymbol{B}_1\boldsymbol{Y}+\boldsymbol{C}_1\boldsymbol{Z}-\boldsymbol{L}_1\\ \boldsymbol{V}_2=\boldsymbol{A}_2\boldsymbol{X}_2+\boldsymbol{B}_2\boldsymbol{Y}+\boldsymbol{C}_2\boldsymbol{Z}-\boldsymbol{L}_2\\ \vdots\\ \boldsymbol{V}_n=\boldsymbol{A}_n\boldsymbol{X}_n+\boldsymbol{B}_n\boldsymbol{Y}+\boldsymbol{C}_n\boldsymbol{Z}-\boldsymbol{L}_n\end{array}\right\} \tag{5.37}$$

记为

$$\boldsymbol{V}=\boldsymbol{HT}-\boldsymbol{L} \tag{5.38}$$

式中

$$\boldsymbol{V}=\begin{pmatrix}\boldsymbol{V}_1\\ \boldsymbol{V}_2\\ \vdots\\ \boldsymbol{V}_n\end{pmatrix},\boldsymbol{H}=\begin{pmatrix}\boldsymbol{A}_1&&&\boldsymbol{B}_1&\boldsymbol{C}_1\\&\boldsymbol{A}_2&&\boldsymbol{B}_2&\boldsymbol{C}_2\\&&\ddots&\vdots&\vdots\\&&\boldsymbol{A}_n&\boldsymbol{B}_n&\boldsymbol{C}_n\end{pmatrix},\boldsymbol{T}=\begin{pmatrix}\boldsymbol{X}\\ \boldsymbol{Y}\\ \boldsymbol{Z}\end{pmatrix},\boldsymbol{X}=\begin{pmatrix}\boldsymbol{X}_1\\ \boldsymbol{X}_2\\ \vdots\\ \boldsymbol{X}_n\end{pmatrix},\boldsymbol{L}=\begin{pmatrix}\boldsymbol{L}_1\\ \boldsymbol{L}_2\\ \vdots\\ \boldsymbol{L}_n\end{pmatrix}$$

式(5.38)即为自检校光束法平差中的基本误差方程式。

2)固定摄站对应误差方程式

在数字工业摄影测量中通常不使用控制点,故由一般误差方程式组建的法方程秩亏,秩亏数为7,即坐标系原点坐标(3)、坐标轴方向(3)和长度基准(1)。为此,任选一摄站 j_0 为固定摄站,令其摄站参数为固定值以确定坐标系原点坐标和坐标轴方向。与一般误差方程式类似,所有 n 个物方点在该像片上的像点对应误差方程式为

$$\hat{\boldsymbol{V}}=\hat{\boldsymbol{H}}\hat{\boldsymbol{T}}-\hat{\boldsymbol{L}} \tag{5.39}$$

式中

$$\hat{\boldsymbol{V}}=\begin{pmatrix}\hat{\boldsymbol{V}}_1\\ \hat{\boldsymbol{V}}_2\\ \vdots\\ \hat{\boldsymbol{V}}_n\end{pmatrix}$$

$$\hat{\boldsymbol{H}}=\begin{pmatrix}\hat{\boldsymbol{A}}_1 & & & & \hat{\boldsymbol{C}}_1\\ & \hat{\boldsymbol{A}}_2 & & & \hat{\boldsymbol{C}}_2\\ & & \ddots & & \vdots\\ & & & \hat{\boldsymbol{A}}_n & \hat{\boldsymbol{C}}_n\end{pmatrix}=\begin{pmatrix}\boldsymbol{A}_{1j_0} & & & & \boldsymbol{C}_{1j_0}\\ & \boldsymbol{A}_{2j_0} & & & \boldsymbol{C}_{2j_0}\\ & & \ddots & & \vdots\\ & & & \boldsymbol{A}_{nj_0} & \boldsymbol{C}_{nj_0}\end{pmatrix}$$

$$\hat{\boldsymbol{T}}=\begin{pmatrix}\boldsymbol{X}\\ \boldsymbol{Z}\end{pmatrix},\hat{\boldsymbol{L}}=\begin{pmatrix}\hat{\boldsymbol{L}}_1\\ \hat{\boldsymbol{L}}_2\\ \vdots\\ \hat{\boldsymbol{L}}_n\end{pmatrix}=\begin{pmatrix}\boldsymbol{L}_{1j_0}\\ \boldsymbol{L}_{2j_0}\\ \vdots\\ \boldsymbol{L}_{nj_0}\end{pmatrix}$$

式(5.39)即为自检校光束法平差的第二类误差方程式。

3)摄站间距离对应误差方程式

为确定坐标系长度基准,选择除 j_0 外的任一摄站 j_1,令其与 j_0 间的距离为固定值以确定长度基准,即

$$d=\sqrt{(X_{S_{j_1}}-X_{S_{j_0}})^2+(Y_{S_{j_1}}-Y_{S_{j_0}})^2+(Z_{S_{j_1}}-Z_{S_{j_0}})^2} \tag{5.40}$$

将式(5.40)线性化后的误差方程式记为

$$\overline{\boldsymbol{V}}=\overline{\boldsymbol{H}}\overline{\boldsymbol{T}}-\overline{\boldsymbol{L}} \tag{5.41}$$

式中

$$\overline{\boldsymbol{H}}=\begin{pmatrix}X_{S_{j_1}}-X_{S_{j_0}} & Y_{S_{j_1}}-Y_{S_{j_0}} & Z_{S_{j_1}}-Z_{S_{j_0}}\end{pmatrix},\overline{\boldsymbol{T}}=\begin{pmatrix}\Delta X_{S_{j_1}}\\ \Delta Y_{S_{j_1}}\\ \Delta Z_{S_{j_1}}\end{pmatrix},\overline{\boldsymbol{L}}=\boldsymbol{0}$$

式(5.41)即为自检校光束法平差的第三类误差方程式。

3.法方程式

由误差方程式组建的整体法方程式含有三类未知参数,在解算时,需视物方点

与像片数量的比值不同，选择消去物方点坐标或摄站参数以得到简化法方程式，以提高计算速度。被消去的物方点坐标或摄站参数可在其后利用空间前方交会或后方交会算法求得。

1）整体法方程式

综合上述三类误差方程式，组成整体误差方程式为

$$\begin{pmatrix} \boldsymbol{A}_1 & & & & \boldsymbol{B}_1 & \boldsymbol{C}_1 \\ & \boldsymbol{A}_2 & & & \boldsymbol{B}_2 & \boldsymbol{C}_2 \\ & & \ddots & & \vdots & \vdots \\ & & & \boldsymbol{A}_n & \boldsymbol{B}_n & \boldsymbol{C}_n \\ \hat{\boldsymbol{A}}_1 & & & & & \hat{\boldsymbol{C}}_1 \\ & \hat{\boldsymbol{A}}_2 & & & & \hat{\boldsymbol{C}}_2 \\ & & \ddots & & & \vdots \\ & & & \hat{\boldsymbol{A}}_n & & \hat{\boldsymbol{C}}_n \\ & & & & \overline{\boldsymbol{H}} & \end{pmatrix} \begin{pmatrix} \boldsymbol{X} \\ \boldsymbol{Y} \\ \boldsymbol{Z} \end{pmatrix} = \begin{pmatrix} \boldsymbol{L}_1 \\ \boldsymbol{L}_2 \\ \vdots \\ \boldsymbol{L}_n \\ \hat{\boldsymbol{L}}_1 \\ \hat{\boldsymbol{L}}_2 \\ \vdots \\ \hat{\boldsymbol{L}}_n \\ \boldsymbol{0} \end{pmatrix} \tag{5.42}$$

法化后得整体法方程式，记为

$$\boldsymbol{NT}=\boldsymbol{R} \tag{5.43}$$

其中，系数矩阵为

$$\boldsymbol{N}=\begin{pmatrix} \boldsymbol{A}_1^{\mathrm{T}}\boldsymbol{A}_1+\hat{\boldsymbol{A}}_1^{\mathrm{T}}\hat{\boldsymbol{A}}_1 & & & & \boldsymbol{A}_1^{\mathrm{T}}\boldsymbol{B}_1 & \boldsymbol{A}_1^{\mathrm{T}}\boldsymbol{C}_1+\hat{\boldsymbol{A}}_1^{\mathrm{T}}\hat{\boldsymbol{C}}_1 \\ & \boldsymbol{A}_2^{\mathrm{T}}\boldsymbol{A}_2+\hat{\boldsymbol{A}}_2^{\mathrm{T}}\hat{\boldsymbol{A}}_2 & & & \boldsymbol{A}_2^{\mathrm{T}}\boldsymbol{B}_2 & \boldsymbol{A}_2^{\mathrm{T}}\boldsymbol{C}_2+\hat{\boldsymbol{A}}_2^{\mathrm{T}}\hat{\boldsymbol{C}}_2 \\ & & \ddots & & \vdots & \vdots \\ & & & \boldsymbol{A}_n^{\mathrm{T}}\boldsymbol{A}_n+\hat{\boldsymbol{A}}_n^{\mathrm{T}}\hat{\boldsymbol{A}}_n & \boldsymbol{A}_2^{\mathrm{T}}\boldsymbol{B}_2 & \boldsymbol{A}_n^{\mathrm{T}}\boldsymbol{C}_n+\hat{\boldsymbol{A}}_n^{\mathrm{T}}\hat{\boldsymbol{C}}_n \\ \boldsymbol{B}_1^{\mathrm{T}}\boldsymbol{A}_1 & \boldsymbol{B}_2^{\mathrm{T}}\boldsymbol{A}_2 & \cdots & \boldsymbol{B}_n^{\mathrm{T}}\boldsymbol{A}_n & \sum_{i-1}^{n}\boldsymbol{B}_i^{\mathrm{T}}\boldsymbol{B}_i+\overline{\boldsymbol{H}}^{\mathrm{T}}\overline{\boldsymbol{H}} & \sum_{i=1}^{n}\boldsymbol{B}_i^{\mathrm{T}}\boldsymbol{C}_i \\ \boldsymbol{C}_1^{\mathrm{T}}\boldsymbol{A}_1+\hat{\boldsymbol{C}}_1^{\mathrm{T}}\hat{\boldsymbol{A}}_1 & \boldsymbol{C}_2^{\mathrm{T}}\boldsymbol{A}_2+\hat{\boldsymbol{C}}_2^{\mathrm{T}}\hat{\boldsymbol{A}}_2 & & \boldsymbol{C}_n^{\mathrm{T}}\boldsymbol{A}_n+\hat{\boldsymbol{C}}_n^{\mathrm{T}}\hat{\boldsymbol{A}}_n & \sum_{i=1}^{n}\boldsymbol{C}_i^{\mathrm{T}}\boldsymbol{B}_i & \sum_{i=1}^{n}\boldsymbol{C}_i^{\mathrm{T}}\boldsymbol{C}_i+\hat{\boldsymbol{C}}_i^{\mathrm{T}}\hat{\boldsymbol{C}}_i \end{pmatrix} \tag{5.44}$$

常数项为

$$\boldsymbol{R}=\begin{pmatrix} \boldsymbol{A}_1^{\mathrm{T}}\boldsymbol{L}_1+\hat{\boldsymbol{A}}_1^{\mathrm{T}}\hat{\boldsymbol{L}}_1 \\ \boldsymbol{A}_2^{\mathrm{T}}\boldsymbol{L}_2+\hat{\boldsymbol{A}}_2^{\mathrm{T}}\hat{\boldsymbol{L}}_2 \\ \vdots \\ \boldsymbol{A}_n^{\mathrm{T}}\boldsymbol{L}_n+\hat{\boldsymbol{A}}_n^{\mathrm{T}}\hat{\boldsymbol{L}}_n \\ \sum_{i=1}^{n}\boldsymbol{B}_i^{\mathrm{T}}\boldsymbol{L}_i \\ \sum_{i=1}^{n}(\boldsymbol{C}_i^{\mathrm{T}}\boldsymbol{L}_i+\hat{\boldsymbol{C}}_i^{\mathrm{T}}\hat{\boldsymbol{L}}_i) \end{pmatrix} \tag{5.45}$$

2)简化方程式

对整体法方程式作如下处理：

(1)将式(5.44)和式(5.45)中的前 n 行分别左乘 $(\boldsymbol{C}_i^{\mathrm{T}}\boldsymbol{A}_i+\hat{\boldsymbol{C}}_i^{\mathrm{T}}\hat{\boldsymbol{A}}_i)(\boldsymbol{A}_i^{\mathrm{T}}\boldsymbol{A}_i+\hat{\boldsymbol{A}}_i^{\mathrm{T}}\hat{\boldsymbol{A}}_i)^{-1}$，并与第 $n+1$ 行作差。

(2)将式(5.44)和式(5.45)中的前 n 行分别左乘 $\boldsymbol{B}_i^{\mathrm{T}}\boldsymbol{A}_i(\boldsymbol{A}_i^{\mathrm{T}}\boldsymbol{A}_i+\hat{\boldsymbol{A}}_i^{\mathrm{T}}\hat{\boldsymbol{A}}_i)^{-1}$，并与第 $n+2$ 行作差。

即可得消去物方点坐标后的简化法方程式，记为

$$\begin{pmatrix}\boldsymbol{N}_{11} & \boldsymbol{N}_{12}\\ \boldsymbol{N}_{21} & \boldsymbol{N}_{22}\end{pmatrix}\begin{pmatrix}\boldsymbol{Y}\\ \boldsymbol{Z}\end{pmatrix}=\hat{\boldsymbol{R}} \tag{5.46}$$

其中

$$\left.\begin{aligned}
\boldsymbol{N}_{11} &= \sum_{i=1}^{n}\boldsymbol{B}_i^{\mathrm{T}}\boldsymbol{B}_i+\hat{\boldsymbol{H}}^{\mathrm{T}}\hat{\boldsymbol{H}}-\sum_{i=1}^{n}\boldsymbol{B}_i^{\mathrm{T}}\boldsymbol{A}_i(\boldsymbol{A}_i^{\mathrm{T}}\boldsymbol{A}_i+\hat{\boldsymbol{A}}_i^{\mathrm{T}}\hat{\boldsymbol{A}}_i)^{-1}\boldsymbol{A}_i^{\mathrm{T}}\boldsymbol{B}_i\\
\boldsymbol{N}_{21} &= \sum_{i=1}^{n}\boldsymbol{C}_i^{\mathrm{T}}\boldsymbol{B}_i-(\boldsymbol{C}_i^{\mathrm{T}}\boldsymbol{A}_i+\hat{\boldsymbol{C}}_i^{\mathrm{T}}\hat{\boldsymbol{A}}_i)\sum_{i=1}^{n}\boldsymbol{B}_i^{\mathrm{T}}\boldsymbol{A}_i(\boldsymbol{A}_i^{\mathrm{T}}\boldsymbol{A}_i+\hat{\boldsymbol{A}}_i^{\mathrm{T}}\hat{\boldsymbol{A}}_i)^{-1}\boldsymbol{A}_i^{\mathrm{T}}\boldsymbol{B}_i\\
\boldsymbol{N}_{22} &= \sum_{i=1}^{n}(\boldsymbol{C}_i^{\mathrm{T}}\boldsymbol{C}_i+\hat{\boldsymbol{C}}_i^{\mathrm{T}}\hat{\boldsymbol{C}}_i)-\sum_{i=1}^{n}(\boldsymbol{C}_i^{\mathrm{T}}\boldsymbol{A}_i+\hat{\boldsymbol{C}}_i^{\mathrm{T}}\hat{\boldsymbol{A}}_i)(\boldsymbol{A}_i^{\mathrm{T}}\boldsymbol{A}_i+\hat{\boldsymbol{A}}_i^{\mathrm{T}}\hat{\boldsymbol{A}}_i)^{-1}(\boldsymbol{A}_i^{\mathrm{T}}\boldsymbol{C}_i+\hat{\boldsymbol{A}}_i^{\mathrm{T}}\hat{\boldsymbol{C}}_i)\\
\boldsymbol{N}_{12} &= \boldsymbol{N}_{21}^{\mathrm{T}}\\
\hat{\boldsymbol{R}} &= \begin{bmatrix}\sum_{i=1}^{n}\boldsymbol{B}_i^{\mathrm{T}}\boldsymbol{L}_i-\sum_{i=1}^{n}\boldsymbol{B}_i^{\mathrm{T}}\boldsymbol{A}_i(\boldsymbol{A}_i^{\mathrm{T}}\boldsymbol{A}_i+\hat{\boldsymbol{A}}_i^{\mathrm{T}}\hat{\boldsymbol{A}}_i)^{-1}(\boldsymbol{A}_i^{\mathrm{T}}\boldsymbol{L}_i+\hat{\boldsymbol{A}}_i^{\mathrm{T}}\hat{\boldsymbol{L}}_i)\\ \sum_{i=1}^{n}(\boldsymbol{C}_i^{\mathrm{T}}\boldsymbol{L}_i+\hat{\boldsymbol{C}}_i^{\mathrm{T}}\hat{\boldsymbol{L}}_i)-\sum_{i=1}^{n}(\boldsymbol{C}_i^{\mathrm{T}}\boldsymbol{A}_i+\hat{\boldsymbol{C}}_i^{\mathrm{T}}\hat{\boldsymbol{A}}_i)(\boldsymbol{A}_i^{\mathrm{T}}\boldsymbol{A}_i+\hat{\boldsymbol{A}}_i^{\mathrm{T}}\hat{\boldsymbol{A}}_i)^{-1}(\boldsymbol{A}_i^{\mathrm{T}}\boldsymbol{L}_i+\hat{\boldsymbol{A}}_i^{\mathrm{T}}\hat{\boldsymbol{L}}_i)\end{bmatrix}
\end{aligned}\right\}$$

4.逐点法化消元法的计算过程

利用逐点法化消元法计算光束法平差的过程如下：

(1) 计算物方点坐标、摄站参数及相机参数初值。

(2) 对每一像点 p_{ij}，按式(5.34)、式(5.39)计算误差方程系数矩阵 $\boldsymbol{A}_{ij}(\hat{\boldsymbol{A}}_{ij})$、$\boldsymbol{B}_{ij}$、$\boldsymbol{C}_{ij}(\hat{\boldsymbol{C}}_{ij})$及常数项 $\boldsymbol{L}_{ij}(\hat{\boldsymbol{L}}_{ij})$，并按式(5.46)填充至简化法方程式中的相应位置。

(3) 选定摄站 j_0、j_1，按式(5.41)计算误差方程系数矩阵 $\overline{\boldsymbol{H}}$，并按式(5.46)填充至简化法方程式中的相应位置。

(4) 利用改进平方根法解算简化法方程式，得到摄站参数及相机参数的改正数 $\boldsymbol{Y}$、$\boldsymbol{Z}$，并对其作相应改正。

(5) 利用空间前方交会算法计算物方点坐标。

(6) 重复步骤(2)～步骤(5)，直至未知参数收敛至某一固定值。

以上即为消去物方点的逐点法化消元法解光束法平差的计算过程。在实际测量中，若物方点数 n 远大于像片数 m($n>2$ m)时，可仿照上述方法消去摄站参数以

进一步提高计算速度，此时需将固定摄站和摄站间距离改为固定物方点和物方点间距离，具体公式不再详述。

5.3.2　长度基准

在光束法平差计算过程中需固定任意两摄站间距离以确定坐标系长度基准，但该基准仅是克服法方程秩亏的手段，并不能真实反映坐标系的实际长度基准。在数字工业摄影测量中，坐标系的真实长度基准由基准尺确定。

基准尺长度由双频激光干涉仪测定，其精度非常高，但其标定长度同样存在误差。若将其作为基准条件参与光束法平差，则需将其端点坐标赋以较大权值。当一次测量中同时使用多根基准尺时，不同基准尺间的尺度差异势必会影响其成像像片及周围测量点间的相对几何关系，导致测量网型变形，甚至对相机畸变差分布造成影响。

因此，在利用基准尺确定长度基准时，不将其作为约束条件参与平差，而是在平差完成后，根据基准尺的标定长度和测量长度确定坐标系缩放系数，并对所有物方点坐标和摄站坐标进行统一缩放。这样处理的优点在于，基准尺本身的误差不会影响测量网型结构，误差能够在各标志点间均匀分布，平差后的精度估计值较高。

当使用单根基准尺时，若其标定长度为 $\hat{L}$，平差后的测量长度为 L，则坐标系缩放系数为

$$k=\hat{L}/L \tag{5.47}$$

假定基准尺端点的点位测量精度相同，则基准尺长度越长，其测量误差对整体测量精度的影响越小。因此，当一次测量中同时布设多根基准尺时，按照基准尺标定长度对各自的缩放系数作加权平均，作为坐标系整体缩放系数。如基准尺个数为 n，基准尺标定长度为 $\hat{L}_i(i=1,2,\cdots,n)$，测量长度为 $L_i(i=1,2,\cdots,n)$，则各自缩放系数为

$$k_i=\hat{L}_i/L_i \tag{5.48}$$

各基准尺权值按其标定长度的平方确定，即

$$p_i=\frac{\hat{L}_i^2}{\sum_{j=1}^{n}\hat{L}_j^2} \tag{5.49}$$

坐标系整体缩放系数为

$$k=\sum_{i=1}^{n}k_i p_i \tag{5.50}$$

5.3.3　粗差检测

自检校光束法平差中的粗差主要来源于两方面：标志点图像识别及中心坐标

提取时产生的坐标精度较差的像点、匹配过程中产生的误匹配像点及其对应物方点。

摄影测量领域对粗差检测方法已有深入研究，如数据探测法、稳健估计法、选权迭代法等(李德仁 等，2002)。在数字工业摄影测量中，为提高测量精度，通常需拍摄大量像片，以保证在平差中具有足够数量的多余观测。因此，个别粗差像点对整体测量精度的影响有限，但其自身的像点坐标残差会较大。针对这一特点，在自检校光束法平差中采用两种方式进行粗差自动检测：像点坐标残差检验和多余观测数量检验。

像点坐标残差检验，即在每次平差迭代完成后，统计所有像点的坐标残差，记为 e，给定系数 k 和常数项 c，按式(5.51)计算像点坐标残差阈值。

$$\varepsilon = ke + c \tag{5.51}$$

将所有像点的坐标残差逐一与该阈值比较，若大于该阈值，则作为粗差予以剔除。式(5.51)中的参数取值一般为：$k=3$、$c=0.2\ \mu$m。该项检验可在保持足够多余观测的同时，有效去除坐标精度较差的像点和误匹配导致的个别粗差像点。

多余观测数量检验，即统计各像片上的像点数和各物方点对应像点数，将像点数小于给定阈值的像片和物方点作为粗差予以剔除。像片和物方点对应的像点数阈值一般分别取为 3 和 4。该项检验可去除精度较差的像片和误匹配导致的粗差物方点。

5.3.4 平差速度实验

为验证平差算法的计算速度，分别选取室内控制架、室内相机检校场、2.8 m 口径星载天线等三组测量数据进行实验(图 5.15)，同时利用 V-STARS 软件进行处理以作比对。由于整体解算的速度过慢，没有比对意义，故本实验中未予验证(冯其强 等，2008c)。室内控制架和相机检校场使用 INCA3 相机拍摄，星载天线使用尼康 D2H 相机拍摄。

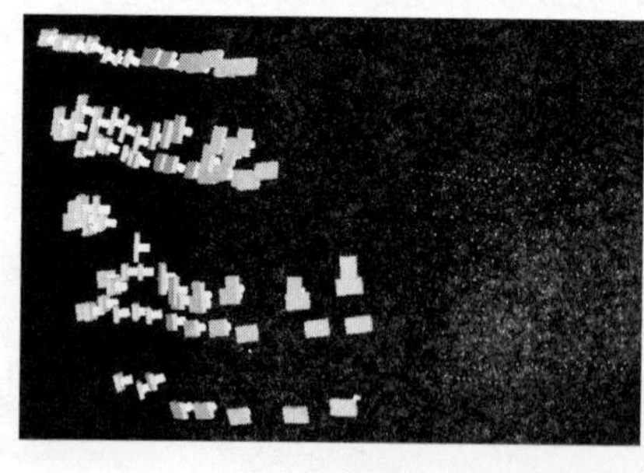

(a) 控制架

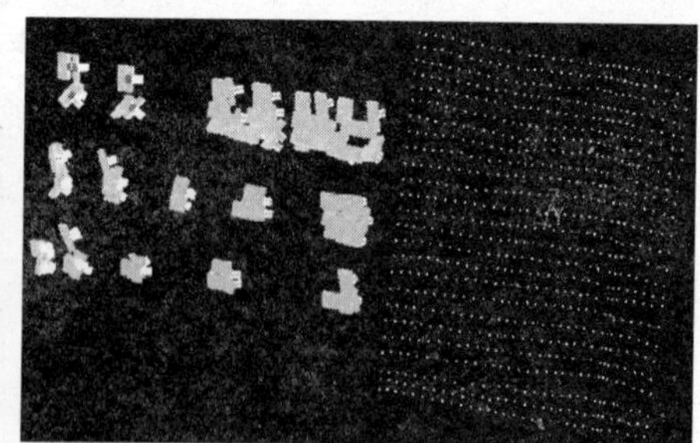

(b) 检校场

图 5.15 摄站分布示意图

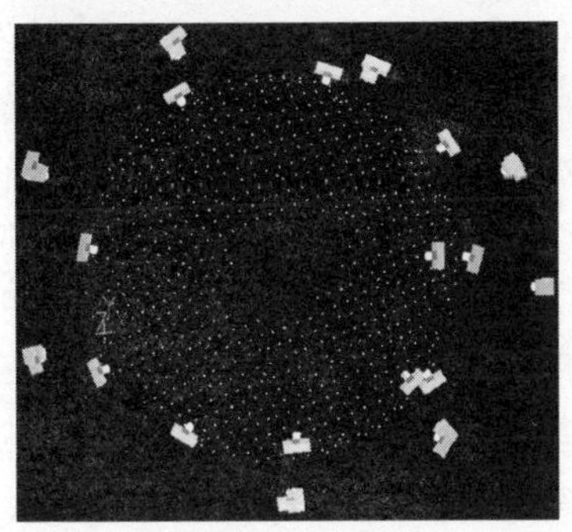

(c) 2.8 m口径天线

图 5.15(续)　摄站分布示意图

相机畸变差采用有限元与 10 参数模型组合检校，其中有限元模型改正量作为已知值，10 参数模型作为附加参数参与自检校光束法平差。实验结果如表 5.4 所示，算法 1 为本书提出的逐点法化消元算法，算法 2 为 V-STARS 软件处理结果。

表 5.4　自检校光束法平差实验结果

<table>
<tr><th colspan="3" rowspan="2">统计量</th><th colspan="2">控制架</th><th colspan="2">检校场</th><th colspan="2">2.8 m 口径天线</th></tr>
<tr><th>算法 1</th><th>算法 2</th><th>算法 1</th><th>算法 2</th><th>算法 1</th><th>算法 2</th></tr>
<tr><td colspan="3">像片数</td><td>90</td><td>90</td><td>100</td><td>100</td><td>26</td><td>26</td></tr>
<tr><td colspan="3">物方点数</td><td>280</td><td>280</td><td>800</td><td>800</td><td>656</td><td>655</td></tr>
<tr><td rowspan="3">像点数</td><td colspan="2">平差前</td><td>19 077</td><td>19 472</td><td>46 330</td><td>51 232</td><td>9 720</td><td>8 068</td></tr>
<tr><td colspan="2">平差后</td><td>19 015</td><td>19 452</td><td>46 127</td><td>50 965</td><td>9 307</td><td>7 871</td></tr>
<tr><td colspan="2">粗差</td><td>62</td><td>20</td><td>203</td><td>267</td><td>413</td><td>197</td></tr>
<tr><td colspan="3">迭代次数</td><td>2</td><td>2</td><td>2</td><td>3</td><td>2</td><td>6</td></tr>
<tr><td colspan="3">耗时/s</td><td>15.3</td><td>5.1</td><td>33.5</td><td>17.5</td><td>3.4</td><td>3.9</td></tr>
<tr><td colspan="3">像点坐标残差/μm</td><td>0.29</td><td>0.46</td><td>0.19</td><td>0.32</td><td>0.35</td><td>0.32</td></tr>
<tr><td rowspan="8">物方点坐标精度估计/mm</td><td rowspan="4">均值</td><td>X</td><td>0.011</td><td>0.017</td><td>0.009</td><td>0.014</td><td>0.016</td><td>0.020</td></tr>
<tr><td>Y</td><td>0.006</td><td>0.009</td><td>0.004</td><td>0.007</td><td>0.016</td><td>0.020</td></tr>
<tr><td>Z</td><td>0.006</td><td>0.009</td><td>0.004</td><td>0.007</td><td>0.015</td><td>0.017</td></tr>
<tr><td>总</td><td>0.014</td><td>0.021</td><td>0.011</td><td>0.017</td><td>0.027</td><td>0.033</td></tr>
<tr><td rowspan="4">最大值</td><td>X</td><td>0.028</td><td>0.029</td><td>0.016</td><td>0.025</td><td>0.068</td><td>0.063</td></tr>
<tr><td>Y</td><td>0.010</td><td>0.013</td><td>0.011</td><td>0.015</td><td>0.062</td><td>0.059</td></tr>
<tr><td>Z</td><td>0.011</td><td>0.017</td><td>0.009</td><td>0.014</td><td>0.051</td><td>0.065</td></tr>
<tr><td>总</td><td>0.032</td><td>0.036</td><td>0.021</td><td>0.032</td><td>0.081</td><td>0.11</td></tr>
<tr><td rowspan="4">公共点坐标转换误差/mm</td><td colspan="2">X</td><td colspan="2">0.042</td><td colspan="2">0.016</td><td colspan="2">0.029</td></tr>
<tr><td colspan="2">Y</td><td colspan="2">0.017</td><td colspan="2">0.008</td><td colspan="2">0.030</td></tr>
<tr><td colspan="2">Z</td><td colspan="2">0.031</td><td colspan="2">0.007</td><td colspan="2">0.025</td></tr>
<tr><td colspan="2">总</td><td colspan="2">0.055</td><td colspan="2">0.019</td><td colspan="2">0.049</td></tr>
</table>

分析上述实验结果，可以得出如下结论：

(1) 平差算法的计算速度取决于像片、物方点和像点数量，像点数量影响组建法方程的速度，而像片和物方点数则决定法方程系数矩阵阶数及其解算速度。

(2) 逐点法化消元法解算自检校光束法平差的计算速度较快，对 100 张像片、800 个物方点、46 000 余像点的计算时间约为半分钟，可以满足测量数据现场处理要求。但与 V-STARS 软件相比仍有一定差距，相同测量数据的计算时间约为其 2～3 倍，说明该算法仍有进一步优化的空间。

(3) 由于采用有限元模型与 10 参数模型组合检校方式补偿相机畸变差，利用本书提出的平差算法得到的 INCA3 相机像点坐标残差较低，物方点精度估计值也较高，进一步验证了该检校方法的有效性。

5.3.5 结论

利用逐点法化消元法进行自检校光束法平差快速计算，只需对逐个像点单独计算误差方程式系数，即可直接生成简化法方程。由于不需组建整体误差方程式，避免了再次计算法方程时的大型矩阵运算，且与整体法方程式相比，简化法方程式的系数矩阵阶数明显减少，故可有效提高计算速度。

基准尺提供的长度基准不参与平差，而直接对平差结果进行整体缩放，能够避免其对测量网型的几何结构造成影响。当使用多根基准尺时，按其标定长度赋权，可最大限度地降低基准尺测量误差引起的整体测量精度下降。

利用像点坐标残差和多余观测数量作为粗差检测标准，符合数字工业摄影测量中的粗差特点，虽然原理简单，却不失为一种有效的粗差检测方法。

5.4 本章小结

本章针对摄影测量数据处理中的像片自动概略定向、像点自动匹配、自检校光束法平差等关键技术进行研究，并探讨了摄影测量系统的精度检验方法，主要内容如下：

(1) 提出了利用四个非共线控制点确定摄站参数的单像空间后方交会直接解法。该算法不需要初值和平差计算，可直接求得单张像片的外方位元素，具有原理简单、控制点少、速度快、精度高等特点。

(2) 提出了基于定向靶和编码标志的多张像片自动概略定向算法。该算法利用定向靶实现部分像片定向，利用编码标志作为连接点实现所有像片的自动概略定向。在定向过程中辅以光束法平差，可有效抑制定向误差累积。

(3) 介绍了基于核线约束的像点匹配算法，分析了核线约束与核面约束的异同，提出了基于已知点和核面约束的像点分组匹配算法。该算法通过计算像片组几何质量对像片进行分组，利用待匹配像点到相应核面距离作为约束条件，实现了像点的快速、准确匹配。

(4) 提出了基于逐点法化消元法的自检校光束法平差快速计算方法。该方法将共线条件方程线性化作为基本误差方程式，通过固定任一摄站确定坐标系原点坐标和坐标轴方向，通过固定两摄站间距离确定坐标系长度基准，对每一误差方程式消去物方点或摄站参数并直接组建简化法方程，实现了自检校光束法平差的快速解算。在平差中利用多余观测数和像点坐标残差作为阈值进行粗差检测，并在平差后利用基准尺确定坐标系的实际长度基准。

第6章 系统集成与应用

在前述研究基础上，自主设计并加工了一整套测量标志及附件，利用 Visual C++ 6.0 编写了 MetroIn-DPM 数据处理软件，采用 INCA3 相机或数码单反相机作为传感器，构成了一套完整的 MetroIn-DPM 数字工业摄影测量系统。本章将简要介绍该系统的构成及其在工程中的应用。

6.1 MetroIn-DPM 系统集成

6.1.1 硬件组成

根据对测量精度的要求不同，系统选用 INCA3 量测型相机或尼康 D2H、D300、D700 等数码单反相机作为图像传感器，装配环形闪光灯和定焦镜头，并作适当加固以增强相机结构的稳定性(图 6.1)。测量前利用相机检校场对其进行组合检校，并把检校后的有限元模型作为参数文件嵌入软件，以有效消除局部规律性畸变。

图 6.1 装配环形闪光灯和定焦镜头的尼康 D2H 相机

测量标志点和编码标志均采用高性能回光反射材料加工而成，定向靶和基准尺利用碳纤维材料加工，以确保其稳定性，如图 6.2 所示。

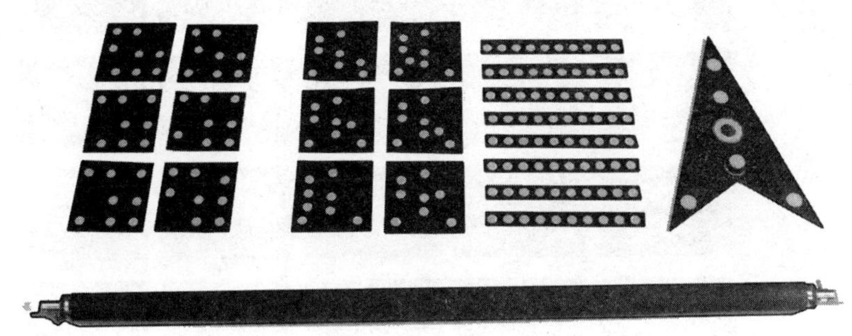

图 6.2　测量标志及附件

6.1.2　MetroIn-DPM 软件

MetroIn-DPM 软件的数据处理流程与 V-STARS 类似，主要由图像处理、像片自动概略定向、像点自动匹配、自检校光束法平差、三维数据显示、参数设置等功能模块构成，具有自定义数据输入、输出接口，测量点三维坐标可直接导入 MetroIn、Leica Axyz 等软件进行后续数据分析。本节将简要介绍各主要模块的功能及特点。

1. 软件主界面

MetroIn-DPM 软件主界面由左、右视图组成，左侧为测量数据树形管理视图，右侧为各类数据的详细信息，如图 6.3 所示。在管理视图中选择相应数据节点，则右侧视图自动切换为该数据详细信息。状态栏显示相机型号、像片数、定向靶及编码标志类型等信息。

软件涉及的测量数据包括四类：相机参数、像片、测量点和基准尺，各类数据均可进行添加、删除、导入、导出等交互操作。所有数据均以文件方式存储和管理。

2. 图像处理模块

图像处理模块主要实现像点自动识别与定位、定向靶与编码标志识别、像点交互操作、单张像片定向及反算像点等功能。该模块可自动扫描所有像片，识别标志点并计算其中心坐标，识别定向靶和编码标志，并根据定向靶等已知坐标点计算单张像片的摄站参数。

图像处理界面显示单张像片及其像点等信息，可调节图像的显示亮度以便于操作，并可使用弹出式图像放大镜按不同放大倍数浏览图像细节（图 6.4）。在该界面中可进行像点重命名、删除、半自动识别定位等交互操作，并可利用已知物方点坐标自动确定其在该像片上的对应像点。

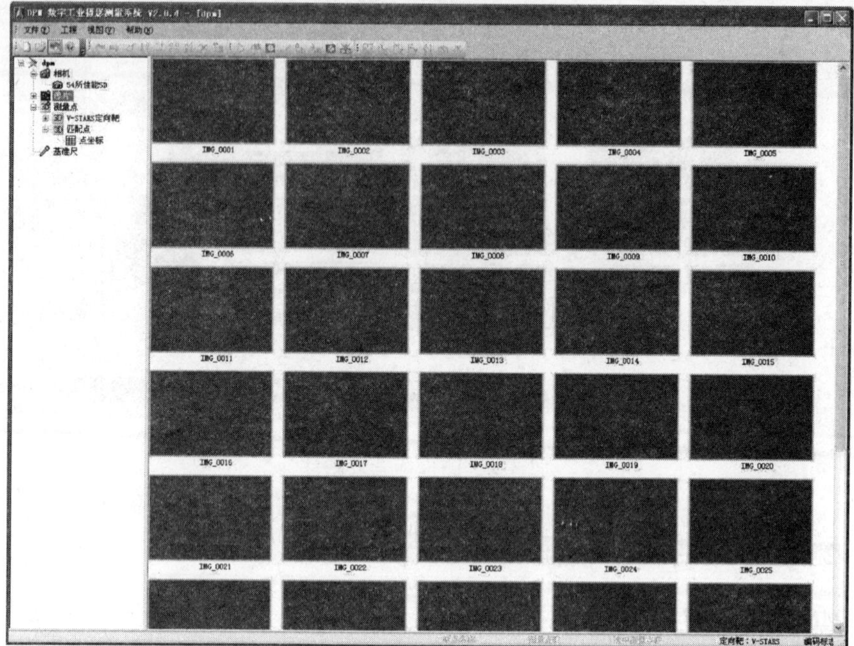

(a) 像片缩略图

测量点	X(mm)	Y(mm)	Z(mm)	X精度(mm)	Y精度(mm)	Z精度(mm)	总精度(mm)
A1	375.770	3248.824	-304.584	-1.000	-1.000	-1.000	-1.000
A2	357.739	3269.392	-677.005	-1.000	-1.000	-1.000	-1.000
A3	375.229	3176.876	-149.365	-1.000	-1.000	-1.000	-1.000
A4	359.639	3205.484	-507.729	-1.000	-1.000	-1.000	-1.000
A5	342.253	3237.979	-880.917	-1.000	-1.000	-1.000	-1.000
A6	375.231	3123.777	-35.343	-1.000	-1.000	-1.000	-1.000
A7	360.889	3146.222	-348.880	-1.000	-1.000	-1.000	-1.000
A8	342.827	3176.138	-718.102	-1.000	-1.000	-1.000	-1.000
A9	375.232	3090.142	52.755	-1.000	-1.000	-1.000	-1.000
A10	344.349	3110.839	-549.701	-1.000	-1.000	-1.000	-1.000
A11	360.967	3079.264	-192.844	-1.000	-1.000	-1.000	-1.000
A12	325.590	3136.283	-927.838	-1.000	-1.000	-1.000	-1.000
A13	375.263	3044.853	149.353	-1.000	-1.000	-1.000	-1.000
A14	360.375	3026.112	-79.285	-1.000	-1.000	-1.000	-1.000
A15	374.092	2998.703	246.023	-1.000	-1.000	-1.000	-1.000
A16	346.136	3049.906	-391.194	-1.000	-1.000	-1.000	-1.000
A17	325.639	3069.466	-767.420	-1.000	-1.000	-1.000	-1.000
A18	360.298	2991.395	12.795	-1.000	-1.000	-1.000	-1.000
A19	373.882	2960.875	340.847	-1.000	-1.000	-1.000	-1.000
A20	312.684	3051.274	-969.802	-1.000	-1.000	-1.000	-1.000
A21	346.066	2985.844	-237.439	-1.000	-1.000	-1.000	-1.000
A22	360.399	2952.677	110.883	-1.000	-1.000	-1.000	-1.000
A23	326.693	3007.620	-599.865	-1.000	-1.000	-1.000	-1.000
A24	373.429	2915.492	428.476	-1.000	-1.000	-1.000	-1.000
A25	360.381	2911.099	216.999	-1.000	-1.000	-1.000	-1.000
A26	345.006	2933.825	-116.774	-1.000	-1.000	-1.000	-1.000
A27	311.827	2985.195	-813.855	-1.000	-1.000	-1.000	-1.000
A28	327.403	2945.731	-444.570	-1.000	-1.000	-1.000	-1.000
A29	371.618	2860.642	530.763	-1.000	-1.000	-1.000	-1.000
A30	360.060	2872.422	306.987	-1.000	-1.000	-1.000	-1.000
A31	345.424	2897.605	-24.836	-1.000	-1.000	-1.000	-1.000
A32	298.978	2970.143	-1014.424	-1.000	-1.000	-1.000	-1.000
A33	311.320	2918.468	-644.080	-1.000	-1.000	-1.000	-1.000
A34	360.245	2831.779	389.796	-1.000	-1.000	-1.000	-1.000
A35	327.452	2883.031	-287.261	-1.000	-1.000	-1.000	-1.000
A36	345.241	2854.810	71.361	-1.000	-1.000	-1.000	-1.000
A37	372.600	2800.631	672.758	-1.000	-1.000	-1.000	-1.000
A38	298.244	2902.097	-857.016	-1.000	-1.000	-1.000	-1.000
A39	288.026	2906.019	-1048.089	-1.000	-1.000	-1.000	-1.000
A40	344.605	2814.139	173.629	-1.000	-1.000	-1.000	-1.000
A41	359.803	2787.234	490.462	-1.000	-1.000	-1.000	-1.000
A42	311.372	2856.117	-485.907	-1.000	-1.000	-1.000	-1.000

测量点：814

(b) 测量点三维坐标信息

图 6.3　软件主界面

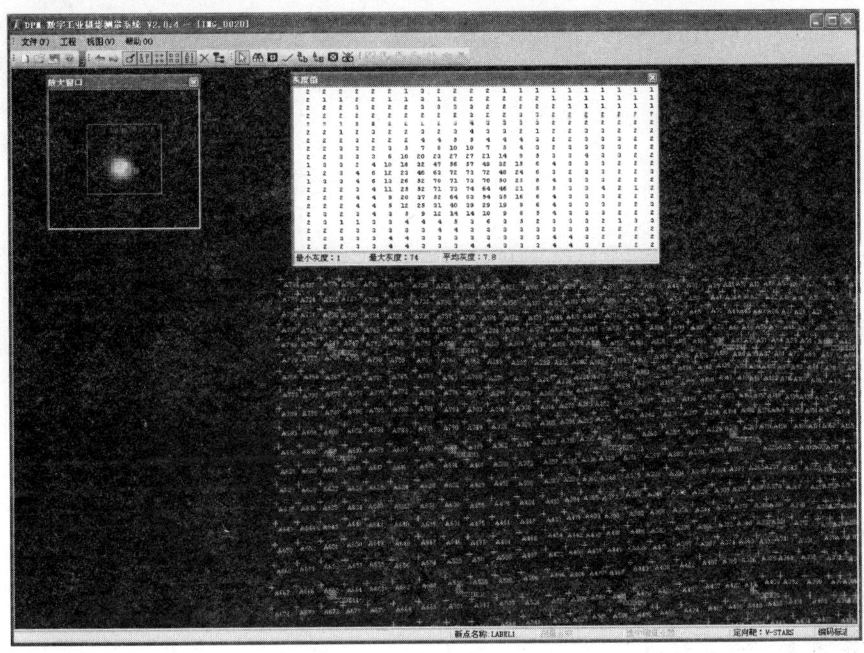

图 6.4 图像处理界面

3.像片自动概略定向模块

概略定向模块利用已知点(定向靶、编码标志及已匹配测量点)实现所有像片自动概略定向。在定向对话框中(图 6.5),可查看各像片的像点数、像点坐标残差及定向状态,并实时显示已定向像片数、已计算坐标的物方点数以及平差相关信息。

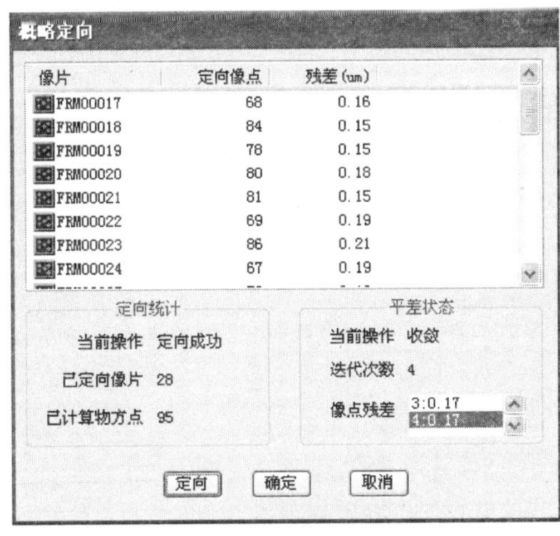

图 6.5 像片定向对话框

4. 像点自动匹配模块

像点匹配模块利用已知点(定向靶、编码标志)实现普通测量点的自动匹配及其三维坐标初值计算。在匹配对话框中(图 6.6),可实时查看匹配数据及匹配结果统计信息,包括像片、像点、已匹配像点、已匹配物方点数量以及计算时间等,并实时显示当前操作及处理进度。

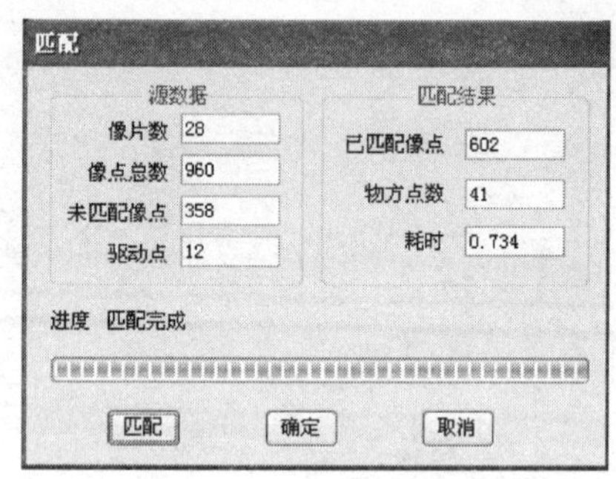

图 6.6 像点匹配对话框

5. 自检校光束法平差模块

在自检校光束法平差对话框中(图 6.7),主要显示像片、物方点及基准尺统计信息、平差状态信息以及物方点坐标精度估计值等。像片、物方点及基准尺均依据其像点数、精度估计值等信息进行质量评价,分为良好、较差、很差等不同质量等级,便于用户对其进行统计和管理。在相应详细信息对话框中,可查看各像片、物方点对应每一像点的坐标残差,并对其予以禁用或删除。在该对话框中,可选择是否在平差中检校相机,并设置平差参数,如最大迭代次数、收敛条件等。

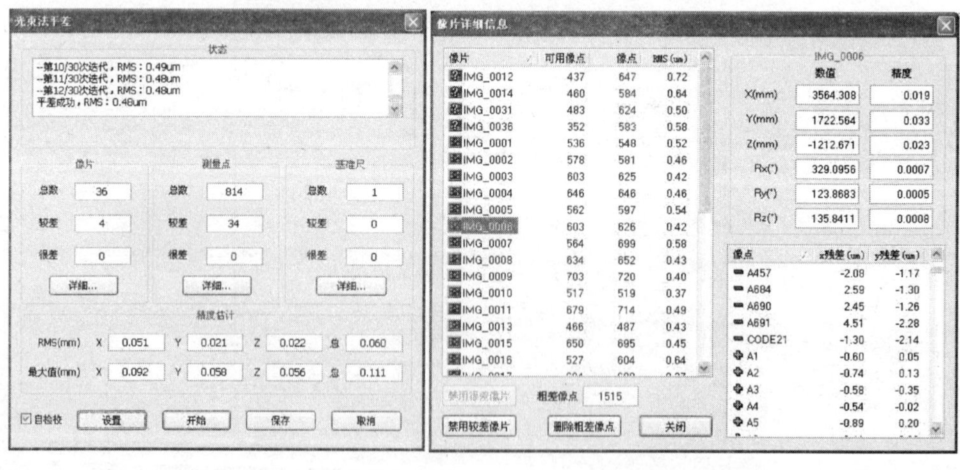

(a) 平差对话框 (b) 像片详细信息

图 6.7 自检校光束法平差对话框

测量点详细信息

测量点	X精度(mm)	Y精度(mm)	Z精度(mm)	总精度(mm)	可用像点	像点
A2	0.092	0.054	0.025	0.110	12	12
A5	0.095	0.055	0.026	0.112	11	11
A8	0.092	0.052	0.025	0.109	12	12
A12	0.095	0.052	0.026	0.111	11	11
A17	0.092	0.049	0.024	0.108	12	12
A20	0.090	0.051	0.031	0.108	11	11
A32	0.090	0.050	0.031	0.108	11	11
A39	0.090	0.048	0.031	0.107	11	11
A277	0.091	0.030	0.037	0.103	9	12
A324	0.065	0.020	0.024	0.072	15	20
A342	0.065	0.020	0.025	0.073	15	21
A351	0.093	0.027	0.048	0.108	11	12
A355	0.061	0.019	0.023	0.068	18	24
A368	0.080	0.023	0.035	0.090	13	19
A371	0.094	0.027	0.049	0.109	11	12
A379	0.061	0.019	0.024	0.069	17	23
A390	0.056	0.019	0.023	0.063	18	26
A405	0.092	0.026	0.043	0.105	10	12

A368

像点	x残差(um)	y残差(um)
IMG_0006	-1.83	-3.51
IMG_0007	-2.11	-2.36
IMG_0008	-11.84	-6.63
IMG_0014	-2.39	-3.12
IMG_0015	0.22	2.00
IMG_0032	-3.11	-1.23
IMG_0001	-1.29	-0.12
IMG_0005	-0.61	-0.71
IMG_0009	-0.00	0.13
IMG_0010	0.92	0.06
IMG_0011	-0.26	1.15
IMG_0013	-0.32	0.22
IMG_0017	0.23	-0.14
IMG_0018	-0.28	-0.14
IMG_0021	0.01	0.36
IMG_0025	0.21	-0.72

禁用粗差点　禁用较差点　关闭

(c) 物方点详细信息

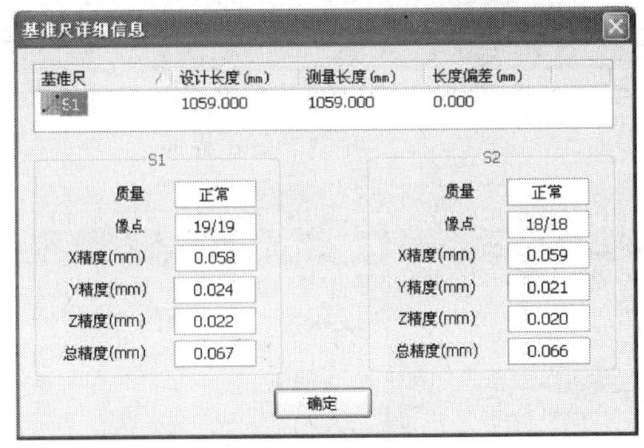

(d) 基准尺详细信息

图 6.7(续)　自检校光束法平差对话框

6. 三维数据显示模块

在三维数据显示界面,可直观地查看各测量点及摄站信息(图 6.8)。该模块除具有基本的旋转、平移、缩放等交互功能外,还可对测量点进行重命名、删除等操作,并可利用快捷键调节测量点、摄站及坐标轴等元素的显示尺寸。

7. 参数设置模块

参数设置模块用于设置测量基本参数和平差参数(图 6.9),其中基本参数包括像点扫描、像点检验、定向靶与编码标志识别、空间前方交会、空间后方交会以及像点匹配等算法涉及的参数值;平差参数包括迭代次数、收敛条件、粗差检测及物方点与像片质量评价等参数。

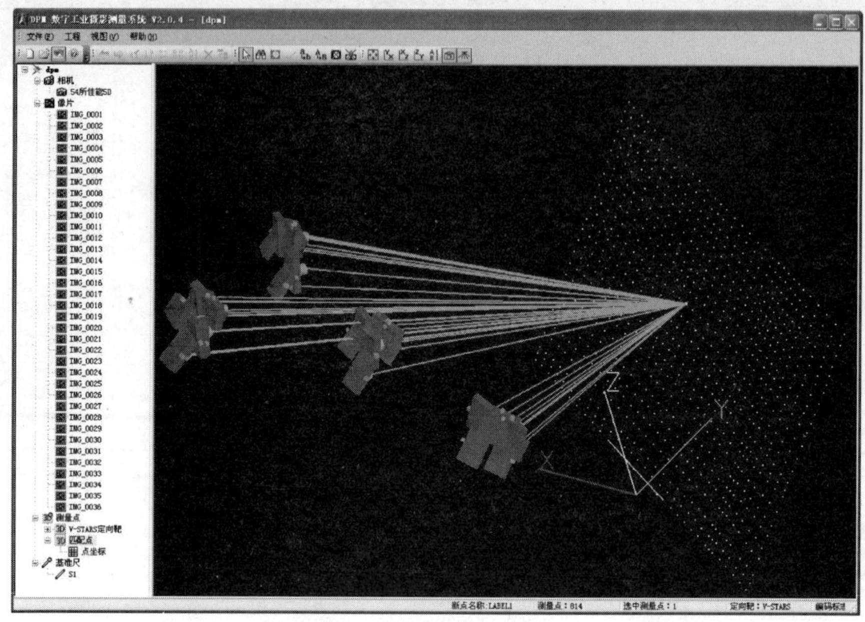

图 6.8　三维数据显示界面

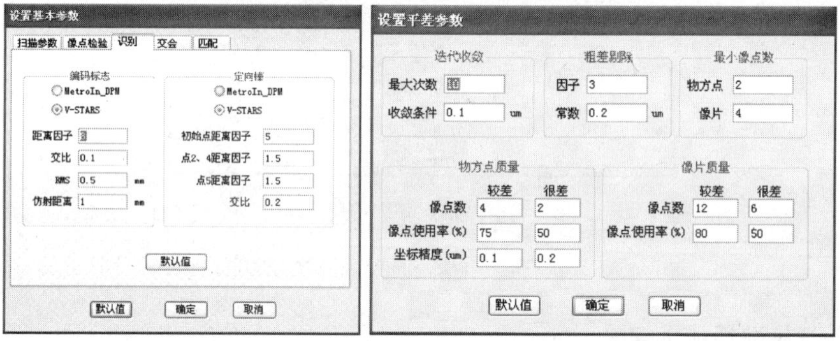

(a) 基本参数　　(b) 平差参数

图 6.9　参数设置对话框

MetroIn-DPM 软件具有良好的兼容性，除本书设计的定向靶和编码标志外，同时兼容 V-STARS 系统的测量标志，在参数设置模块可选择标志类型。

6.2　精度分析与测试

对测量精度进行分析与测试，是评价测量系统性能的重要方面。衡量精度的指标有多种，包括精度估计值、重复测量精度及外部检核精度等。本节将针对数字工业摄影测量系统的精度分析与测试方法予以研究，检验 MetroIn-DPM 系统的测量精度。

6.2.1　精度估计

精度估计，即在平差完成后利用统计学中的方差-协方差传播定理导出平差量的精度估计值。精度估计是一种理论分析方法，在自检校光束法平差完成后可直接计算物方点坐标、摄站参数及相机参数的精度估计值，该方法在各种测量系统中具有广泛的应用。

在自检校光束法平差法方程式(5.43)中，三类未知数的协因数矩阵与法方程式系数矩阵之间的关系为

$$\begin{bmatrix} \boldsymbol{Q}_{11} & \boldsymbol{Q}_{12} & \boldsymbol{Q}_{13} \\ \boldsymbol{Q}_{21} & \boldsymbol{Q}_{22} & \boldsymbol{Q}_{23} \\ \boldsymbol{Q}_{31} & \boldsymbol{Q}_{32} & \boldsymbol{Q}_{33} \end{bmatrix} = \boldsymbol{N}^{-1} \tag{6.1}$$

多余观测数记为 r，则单位权中误差 σ_0 为

$$\sigma_0 = \sqrt{\frac{\boldsymbol{V}^{\mathrm{T}}\boldsymbol{V}}{r}} \tag{6.2}$$

物方点坐标、摄站参数及相机参数的精度估计值分别为

$$\left.\begin{aligned} m_1 &= \sigma_0 \sqrt{\boldsymbol{Q}_{11}} \\ m_2 &= \sigma_0 \sqrt{\boldsymbol{Q}_{22}} \\ m_3 &= \sigma_0 \sqrt{\boldsymbol{Q}_{33}} \end{aligned}\right\} \tag{6.3}$$

当采用逐点法化消元法简化计算时，可由此求得摄站参数(或物方点坐标)和相机参数的精度估计值，而物方点坐标(或摄站参数)的精度估计值则可在空间前方交会(或后方交会)中按同样方法计算。

测量值的理论估计精度一般高于其实际测量精度。一方面，平差观测值在理论上是相关的，而在实际应用中，为简单起见，一般将其视为独立的随机观测量；另一方面，方差传播定理的理论基础是测量误差为服从正态分布的随机误差，而当系统误差不能得到完全补偿时，测量值的估计精度必然将高于其实际精度(江延川，2001；隋立芬 等，2004)。

6.2.2　内符合精度

内符合精度即重复测量精度，是指对同一量进行多次观测时的重复精度，反映测量系统的重复性和稳定性(郭志宏 等，2008)。

在数字工业摄影测量中，可通过如下方法检验测量系统的内符合精度：按相同测量网型对同一组测量点进行两次重复性测量，将物方点坐标进行公共点转换，残

差记为 σ。假设两次测量精度相同，则系统单次测量的精度为 $\sigma/\sqrt{2}$。

当观测值中仅含有随机误差时，系统内符合精度与实际测量精度一致。但如果观测值含有较大的系统误差甚至粗差，则内符合精度高于实际测量精度。因此，内符合精度低则说明系统实际测量精度低；而内符合精度高时，实际测量精度却不一定高。

6.2.3　外符合精度

外符合精度即利用更高精度的外部检核条件对系统测量结果进行检验而得到的精度，是系统测量精度最客观真实的检验方法。

对数字工业摄影测量系统而言，外部检核条件可以是测量点绝对坐标，如采用双经纬仪等高精度测量系统测得的控制点坐标（李宗春 等，2003a；李宗春 等，2005），也可以是测量点间的相对几何关系，如利用数控机床加工的高精度曲面或利用双频激光干涉仪精确检定的多根基准尺等。

为实现数字工业摄影测量系统精度检验的标准化，德国工程师协会和德国电气工程协会（Association of German Engineers/Association for Electrical, Electronic & Information Technologies）于 2001 年发布了一套精度测试准则 VDI/VDE 准则 2634，并经 ISO 10360-2 认证，业已成为国际通用的数字工业摄影测量系统精度测试标准（HASTEDT et al，2002；BEHRING et al，2003；HAIG et al，2006；LUHMANN et al，2006；RIEKE-ZAPP et al，2008）。

图 6.10(a)所示为按照 VDI/VDE 准则 2634 标准建立的数字工业摄影测量系统精度测试场。该测试场主要由一个立方体框架和至少 7 根基准尺组成，立方体框架尺寸为 2 m×2 m×1.5 m，每根基准尺上等间隔布设 5 个圆形回光反射标志，见图 6.10(b)，各标志间的距离均准确已知。基准尺在框架中的位置如图 6.10(c)所示，最长基准尺的长度应与框架尺寸一致。

(a) 精度测试场

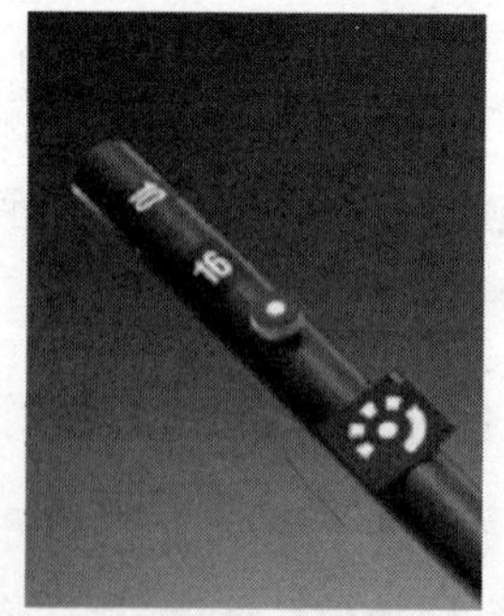

(b) 基准尺上的测量标志

图 6.10　VDI/VDE 准则 2634 精度测试场

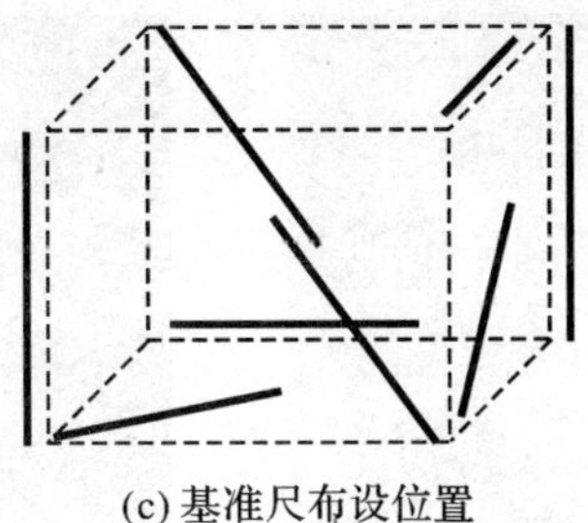

(c) 基准尺布设位置

图 6.10(续)　VDI/VDE 准则 2634 精度测试场

每根基准尺上均匀分布 5 个测量标志，可确定 10 个已知长度，其中 5 个为必测长度，其余 5 个为选测长度，如图 6.11 所示。测试时，选取 1 个长度确定测量坐标系长度基准，并计算其余所有基准尺上的长度偏差，则最大偏差即为系统测量精度的检验标准。

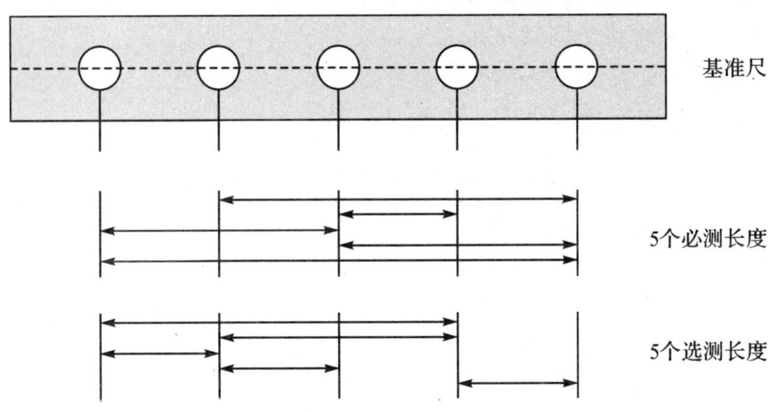

图 6.11　基准尺各标志点间的长度

6.2.4　实验及结论

受实验条件限制，本书未利用 VDI/VDE 准则 2634 标准精度测试场进行实验。根据现有条件，为分析不同精度检验方法的差异，在室内墙面约 4.1 m×2.6 m 范围内均匀布设 9 行 9 列共 81 个回光反射标志，构成简易精度测试场(图 6.12)。

分别使用徕卡 T3000 双经纬仪测量系统、INCA3 相机、尼康 D2H 相机对精度测试场进行测量，其中双经纬仪系统测量一次，相机各测量两次。双经纬仪测量系统采用的基准尺长度为 1 176.703 mm，测站到墙面的距离约为 4 m，数据处理软件为 MetroIn(黄桂平 等，2002；黄桂平 等，2003)；摄影测量系统采用的基准尺长度为 1 095.983 mm，摄影距离约为 3～5 m，数据处理软件为 V-STARS 和基于本书研究内容自主开发的 MetroIn-DPM。

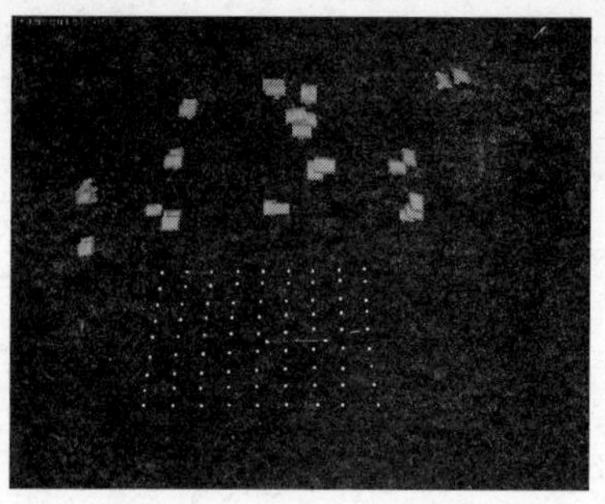

图 6.12　精度测试场

在摄影测量自检校光束法平差后统计物方点精度估计值及像点坐标残差，见表 6.1；将同一相机两次测得物方点坐标进行公共点转换，得到各相机的重复测量精度，见表 6.2；将同一相机、不同软件测量结果进行公共点转换，得到两种软件的计算差异，见表 6.3；将两相机摄影测量结果进行公共点转换，得到不同相机的测量差异，见表 6.4；将摄影测量结果与经纬仪测量结果进行公共点转换，得到两种测量系统的差异，见表 6.5；分别利用摄影测量结果和经纬仪测量结果进行平面拟合，得到墙面的平面度，见表 6.6。

表 6.1　摄影测量系统精度估计值

相机	组数	软件	精度估计均值/mm				精度估计最大值/mm				像点残差/μm
			X	*Y*	*Z*	总	*X*	*Y*	*Z*	总	
INCA3	1	V	0.025	0.012	0.011	0.030	0.031	0.017	0.014	0.038	0.26
		M	0.015	0.007	0.006	0.018	0.020	0.013	0.008	0.025	0.13
	2	V	0.043	0.018	0.018	0.050	0.052	0.027	0.024	0.063	0.35
		M	0.031	0.013	0.012	0.036	0.035	0.018	0.015	0.042	0.24
D2H	1	V	0.102	0.030	0.035	0.112	0.134	0.047	0.063	0.155	0.36
		M	0.097	0.028	0.033	0.106	0.124	0.039	0.056	0.142	0.34
	2	V	0.072	0.023	0.027	0.080	0.093	0.036	0.049	0.111	0.34
		M	0.070	0.022	0.025	0.078	0.086	0.031	0.041	0.100	0.33

注：表中 V 表示 V-STARS 软件，M 表示 MetroIn-DPM 软件，余同。

表 6.2　摄影测量系统重复测量精度

相机	软件	公共点转换残差/mm			
		X	*Y*	*Z*	总
INCA3	V	0.062	0.024	0.025	0.071
	M	0.038	0.026	0.035	0.058
D2H	V	0.145	0.167	0.222	0.314
	M	0.152	0.154	0.188	0.286

表 6.3　摄影测量不同软件处理结果公共点转换值

相机	组数	公共点转换残差/mm			
		X	Y	Z	总
INCA3	1	0.029	0.018	0.016	0.038
	2	0.037	0.022	0.020	0.050
D2H	1	0.050	0.021	0.023	0.059
	2	0.025	0.020	0.034	0.047

表 6.4　不同相机摄影测量结果公共点转换值

组数	软件	公共点转换残差/mm			
		X	Y	Z	总
1	V	0.194	0.144	0.274	0.365
	M	0.187	0.134	0.260	0.347
2	V	0.147	0.197	0.276	0.370
	M	0.141	0.181	0.272	0.356

表 6.5　摄影测量结果与经纬仪测量结果公共点转换值

相机	组数	软件	公共点转换残差/mm			
			X	Y	Z	总
INCA3	1	V	0.058	0.074	0.051	0.107
		M	0.070	0.049	0.055	0.101
	2	V	0.069	0.093	0.054	0.128
		M	0.079	0.059	0.073	0.123
D2H	1	V	0.270	0.192	0.174	0.374
		M	0.265	0.189	0.168	0.366
	2	V	0.316	0.153	0.230	0.420
		M	0.304	0.151	0.221	0.405

表 6.6　平面拟合所得墙面平面度

数据	经纬仪	INCA3				D2H			
组数		1		2		1		2	
软件	MetroIn	V	M	V	M	V	M	V	M
残差/mm	1.735	1.721	1.722	1.719	1.717	1.651	1.660	1.732	1.729

分析上述实验结果可以得出如下结论：

(1)物方点坐标估计精度、重复测量精度、外符合精度依次降低。以 INCA3 相机、V-STARS 软件测量结果为例，两组测量结果的物方点坐标重复测量精度为 0.071 mm；精度估计值分别为 0.030 mm、0.05 mm，依此计算重复测量精度应为 $\sqrt{0.03^2+0.05^2}=0.058$ mm；与经纬仪系统测量结果的公共点转换误差为 0.107 mm、0.128 mm，若假定经纬仪系统测量精度为±0.05 mm(黄桂平 等，2002)，则摄影测量系统精度应为±0.095 mm、±0.118 mm。这一结果与本书分析一致，即受系统误差等因素影响，精度估计值和重复测量精度难以准确衡量系统测量精度。

(2)由于墙面的平面度较低，将其视为平面进行平面拟合无法客观评价系统测量精度。从表 6.6 中可以看出，虽然不同系统的测量结果之间存在较大差异，但其拟合平面度却相差不大，甚至利用精度估计值较差的尼康 D2H 测量结果拟合的平面度反而较高。因此，在利用外部检核条件进行精度检验时，其自身测量精度必须高于摄影测量系统的精度。

(3) MetroIn-DPM 软件的处理精度与 V-STARS 软件相同甚至更高。从表 6.1、表 6.2 和表 6.3 可以看出，采用组合检校方式补偿相机畸变差，相同数据经 MetroIn-DPM 软件处理后的像点坐标精度和物方点坐标精度估计值均优于 V-STARS。其原因是 INCA3 相机的使用时间较长，其内参数和畸变差会不可避免地发生改变，系统出厂时内置的畸变模型已无法完全补偿其畸变差。

(4) D2H 相机的测量精度远低于 INCA3 相机。从表 6.1、表 6.2 和表 6.5 中可以看出，D2H 相机的像点坐标残差高于 INCA3 相机，物方点坐标误差约为其2～3 倍。

6.3 工程应用

本节以两组天线测量数据为例，介绍数字工业摄影测量技术在工业制造领域的应用，利用本书研究内容分别实现天线安装、调整过程中的面型精度检测和工作状态下的面型及馈源姿态变形检测。

6.3.1 天线安装检测

1. 天线概况

某 Ka 波段天线口径为 7.3 m，反射面由 16 块铝蒙皮蜂窝夹层结构面板组成(图 6.13)。天线面型设计精度优于±0.25 mm，根据天线设计要求，单块面板精度应优于整体精度的 1/2，即±0.125 mm。

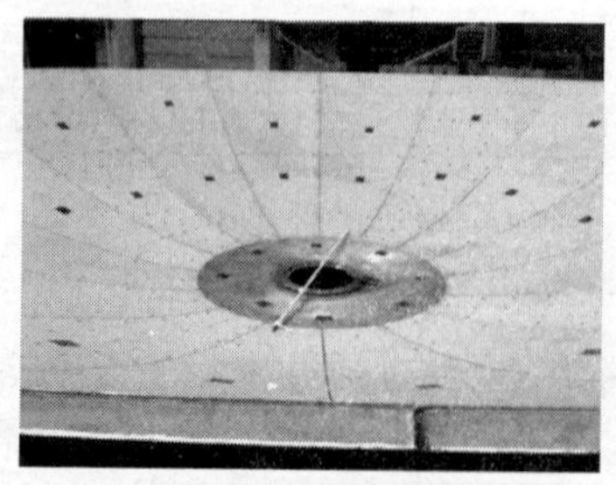

(a) 天线面及测量标志

(b) 测量现场

图 6.13 7.3 m 口径天线

在完成天线面板拼装后，首先采用样板法对其进行粗调，面型精度优于 0.5 mm；然后，采用数字工业摄影测量系统进行精确调整，最终使面型精度达到设计要求。

2. 测量方案

如图 6.14 所示，根据天线面型精度分析的要求，在 1、5、9、13 号面板各均匀布设约 80 个直径为 12 mm 的圆形反光测量标志，用以分析单块面板精度；在其余 12 块面板各布设 7 个标志，用于分析天线整体组装精度；测量标志总数约为 410 个。

本次测量采用 V-STARS 系统的定向靶(AutoBar)、编码标志和基准尺。定向靶和基准尺置于天线中心体位置，基准尺长度为 2 073. 408 mm；编码标志均匀分布于天线表面和中心体，每块面板布设 2 个，中心体布设 8 个，共计 40 个(图 6.14)。

使用 INCA3 相机在天车吊篮内对天线拍摄，摄影距离在 2～3 m 范围内，每次测量各拍摄约 100 张像片，如图 6.15 所示。

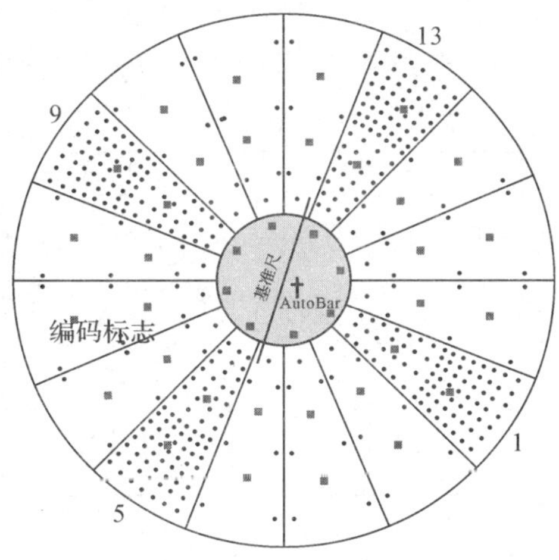

图 6.14 标志分布示意图

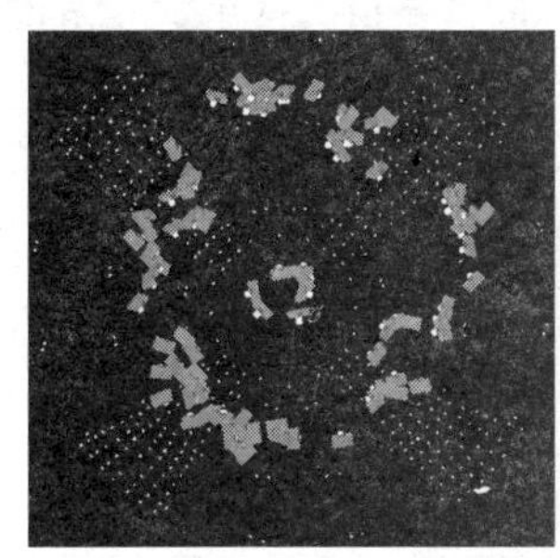

(a) 俯视

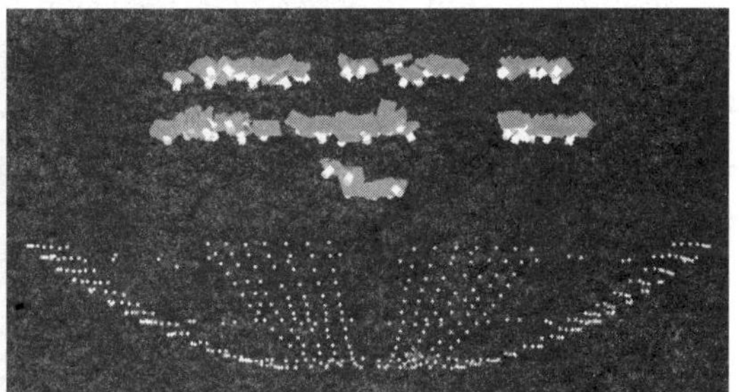

(b) 平视

图 6.15 摄站分布图

3.测量结果

由于 INCA3 相机拍摄的像片为“.GSI”专用格式,需在 V-STARS 软件中导出为 BMP 图像才能用于 MetroIn-DPM 软件,故测量现场采用 V-STARS 软件处理数据以节约时间,测量完成后采用 MetroIn-DPM 软件再次处理以作比对。测量点坐标及天线模型导入 Leica Axyz 软件进行精度分析(刘尚国 等,2006;焦明东 等,2009)。

天线调整前测量一次,后经两次调整、两次测量,天线面型精度为 0.121 mm,单块面板精度优于 0.11 mm,已基本达到极限组装精度。单次像片拍摄时间约为 15～20 min;第一次数据处理因需对测量点编号,耗时较长,约为 1 h;后两次数据处理时间各约为 0.5 h;现场测量、调整过程耗时约为 3.5 h;MetroIn-DPM 软件后处理时间约为 2 h。

表 6.7 为测量点三维坐标摄影测量精度估计值,表 6.8 为 V-STARS 软件与 MetroIn-DPM 软件处理所得测量点坐标作公共点转换后的差值,表 6.9 为天线调整前后经模型比对所得面型精度,表 6.10 为天线调整完成后 4 块面板的模型对比精度,图 6.16～图 6.18 为天线调整前后的各测量点误差分布图。

表 6.7 测量点坐标精度估计

天线状态	像片数量	软件	均值/mm			最大值/mm			像点坐标残差/mm
			X	*Y*	*Z*	*X*	*Y*	*Z*	
调整前	102	V	0.014	0.013	0.014	0.022	0.031	0.032	0.35
		M	0.010	0.010	0.010	0.022	0.033	0.026	0.25
第一次调整后	102	V	0.013	0.011	0.012	0.018	0.022	0.025	0.34
		M	0.009	0.008	0.008	0.015	0.021	0.022	0.24
第二次调整后	100	V	0.013	0.011	0.011	0.020	0.024	0.027	0.34
		M	0.009	0.008	0.008	0.015	0.018	0.024	0.24

表 6.8 V-STARS 与 MetroIn-DPM 处理结果公共点转换差值

天线状态	*X*/mm	*Y*/mm	*Z*/mm	总/mm
调整前	0.022	0.020	0.019	0.035
第一次调整后	0.018	0.015	0.016	0.029
第二次调整后	0.016	0.016	0.016	0.028

表 6.9 天线调整前后模型比对结果

统计量		调整前		第一次调整后		第二次调整后	
		V	M	V	M	V	M
点数	总	399	399	399	399	399	399
	＜0.1 mm	62	61	208	216	240	253
	0.1～0.2 mm	73	88	122	119	119	110
	＞0.2 mm	264	250	69	64	40	36
最大值/mm		0.965	0.940	0.434	0.511	0.328	0.362

续表

统计量	调整前		第一次调整后		第二次调整后	
	V	M	V	M	V	M
均值/mm	0.293	0.285	0.116	0.112	0.095	0.093
标准差/mm	0.191	0.186	0.091	0.089	0.075	0.076
像点坐标残差/mm	0.350	0.340	0.148	0.142	0.121	0.120

表 6.10　天线面板模型比对结果

统计量		面板 1		面板 5		面板 9		面板 13	
		V	M	V	M	V	M	V	M
点数	总	79	79	81	81	81	81	74	74
	<0.1 mm	55	63	46	54	54	45	65	62
	0.1～0.2 mm	24	16	32	23	22	33	9	12
	>0.2 mm	0	0	3	4	5	3	0	0
最大值/mm		0.158	0.173	0.345	0.221	0.263	0.227	0.146	0.168
均值/mm		0.067	0.063	0.089	0.080	0.080	0.089	0.053	0.050
标准差/mm		0.045	0.043	0.065	0.060	0.064	0.064	0.039	0.040
像点坐标残差/mm		0.081	0.077	0.110	0.100	0.102	0.109	0.066	0.064

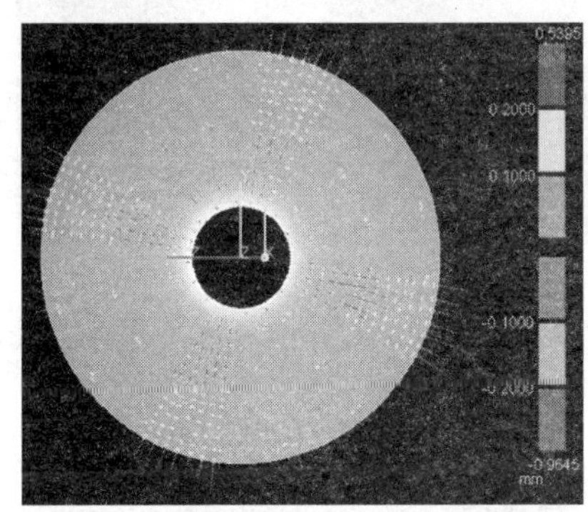

(a) 正面(V-STARS)

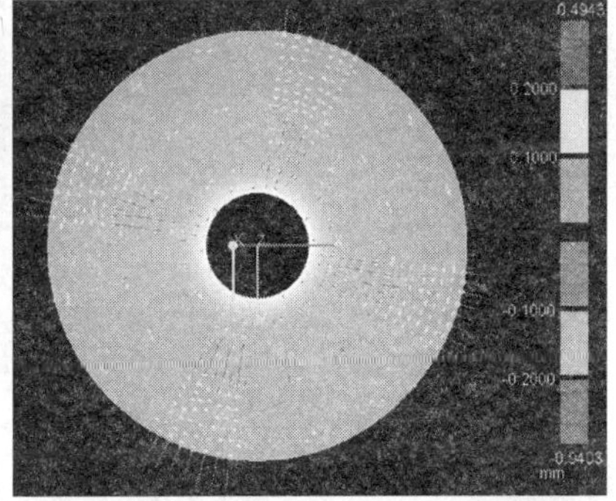

(b) 正面(MetroIn-DPM)

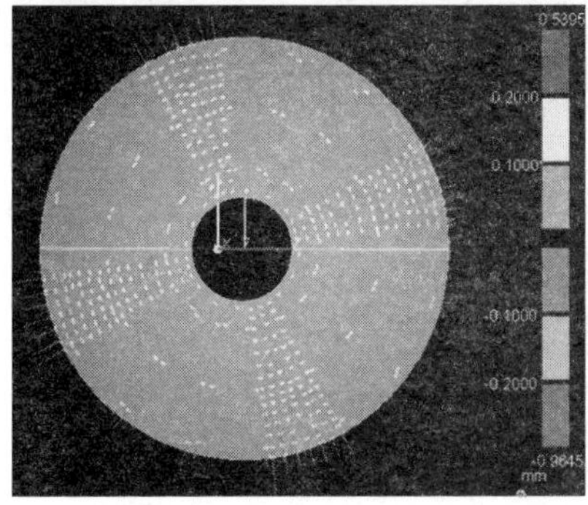

(c) 背面(V-STARS)

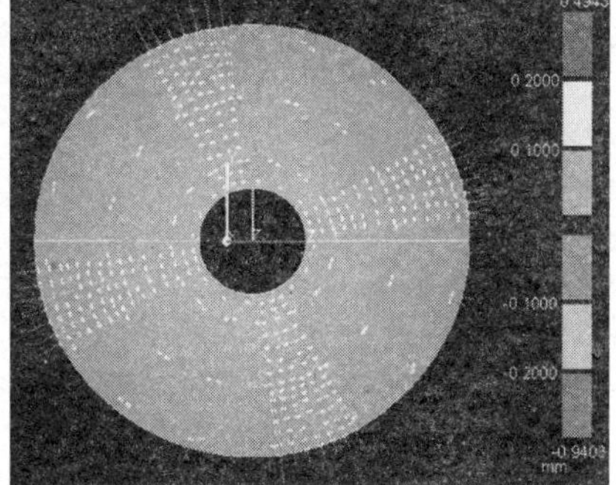

(d) 背面(MetroIn-DPM)

图 6.16　调整前后误差分布图

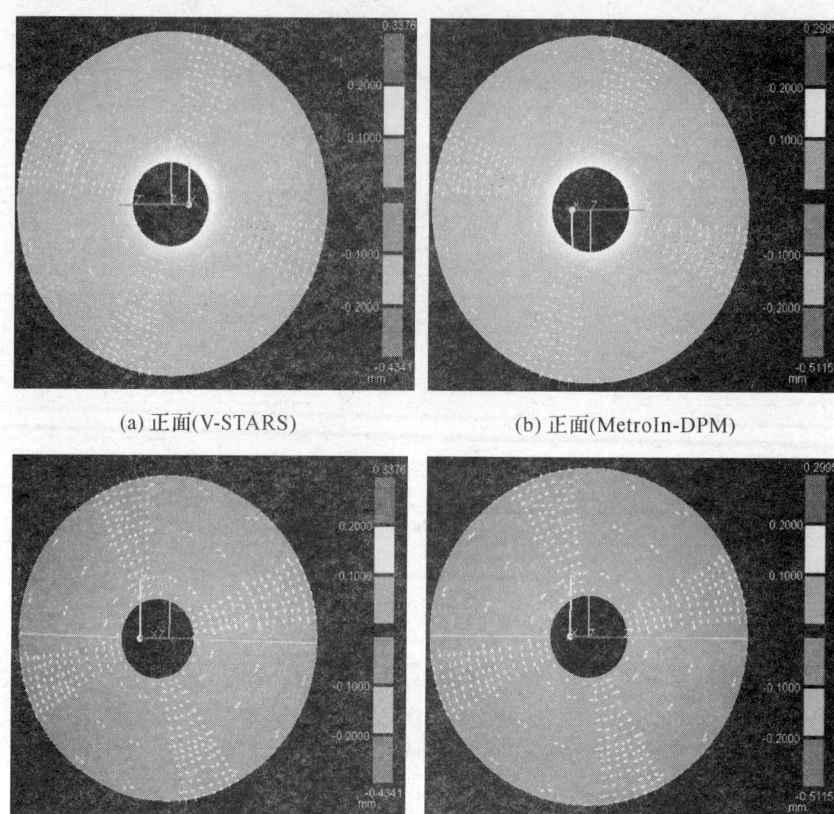

(a) 正面(V-STARS) (b) 正面(MetroIn-DPM)

(c) 背面(V-STARS) (d) 背面(MetroIn-DPM)

图 6.17 第一次调整后误差分布图

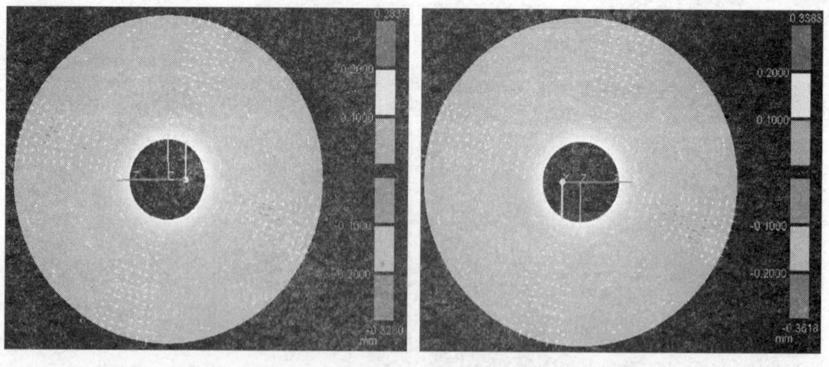

(a) 正面(V-STARS) (b) 正面(MetroIn-DPM)

图 6.18 第二次调整后误差分布图

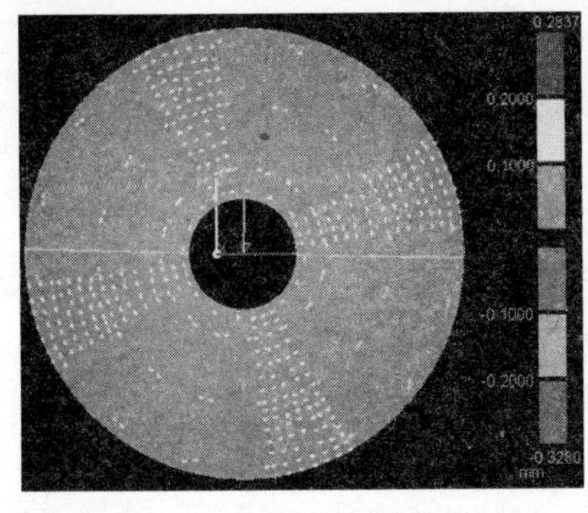

(c) 背面(V-STARS)

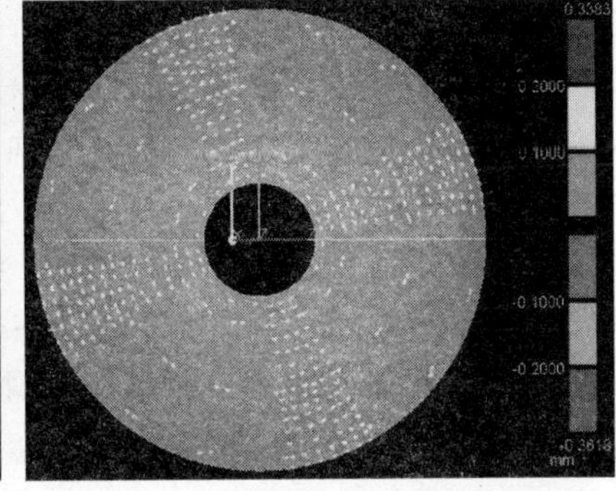

(d) 背面(MetroIn-DPM)

图 6.18(续)　第二次调整后误差分布图

从上述结果可以看出，利用摄影测量结果指导天线调整，能够快速、准确地将天线面型调整至设计状态，并给出各位置处的变形值，体现出数字工业摄影测量技术的准确性、可靠性和实用性。

分别利用 V-STARS 软件和 MetroIn-DPM 软件处理同一组数据，所得测量点三维坐标差值在 0.035 mm 以内，可认为二者精度相同，对测量结果不会产生影响；二者处理速度相当，可用于测量数据现场处理。

6.3.2　ASKAP 天线工作状态下的变形测量

1. 天线概况

平方千米阵列(square kilometre array，SKA)无线电天文望远镜，是由全球 19 个国家及众多世界大厂参与设计构建的未来世界最大的阵列式天文望远镜，将用于探索宇宙的形成、寻找地外生命、测试广义相对论以及宇宙正在急速扩张的论点，等等。SKA 天线候选建造地点为澳大利亚或南非。为提高竞争筹码，由澳大利亚政府出资，澳大利亚联邦科学与工业研究组织(Commonwealth Scientific and Industrial Research Organization，CSIRO)主持建造澳大利亚平方千米阵列探路者(Australian SKA Pathfinder，ASKAP)射电望远镜，建造地点位于西澳大利亚杰拉尔顿东北方约 300 km 处(图 6.19)。

图 6.19　ASKAP 设想图

ASKAP 由最多 45 架碟形天线组成，工作频率为 300 MHz～10 GHz(高频)，其敏感度约为目前功能最强天文望远镜的 50 倍以上，能够以目前 1 万倍的速度搜索整个天际；ASKAP 的每架天线都能同时观测多个不同方位，因此其观测范围极为广泛。据估算，ASKAP 正式运作 6 h 所获得的信息，相当于目前全球所有无线电天文台在迄今 50 年内所获得的信息量总和。

如图 6.20 所示，ASKAP 天线反射面为直径为 12 m 的标准抛物面，焦距为 6 m，由内、外两环共计 36 块面板组成(内环 12 块，外环 24 块)。焦平面阵列(focal plane array，FPA)由四角锥形的馈源支架支撑，可承受 200 kg 载荷。天线采用俯仰方位装配型外加第三轴(极化轴)驱动座架，以实现观测范围的全天域覆盖。

ASKAP 先期建造的 36 架天线由中国电子科技集团第 54 研究所承建。首架天线组装完成后，利用摄影测量技术对其反射面进行面型检测与调整，面型精度优于 0.6 mm。在天线出厂验收测试(Factory Acceptance Test，FAT)阶段，再次利用摄影测量技术对天线工作状态下的反射面和焦平面阵列的变形进行检测。面型检测调整过程与 6.3.1 小节天线测量过程类似，故此处不再详述，仅对天线 FAT 测试阶段的摄影测量检测过程予以介绍。

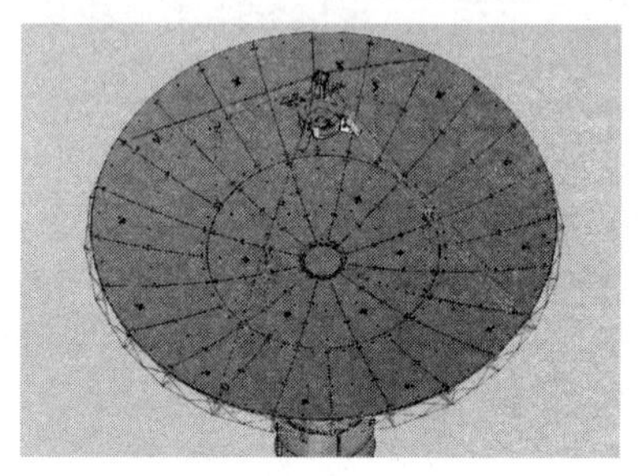

(a) 反射面

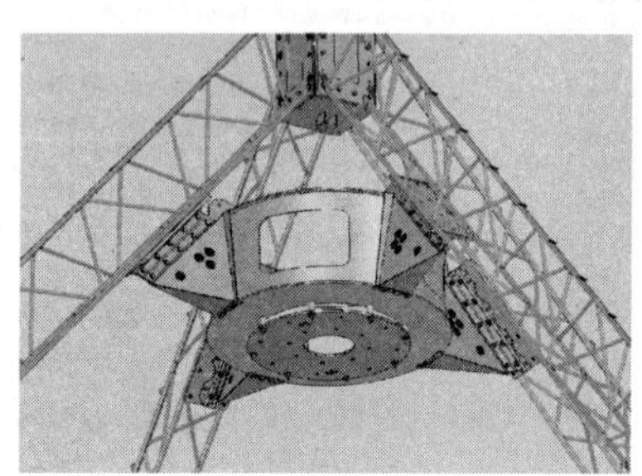

(b) 焦平面阵列

图 6.20 ASKAP 天线结构

2. 测量方案

测量前，在每块天线面板上均匀布设 9 个直径为 12 mm 的回光反射标志点和 1 个编码标志，用于拟合天线反射面面型，共计 324 个测量标志点和 36 个编码标志点，如图 6.21 所示。

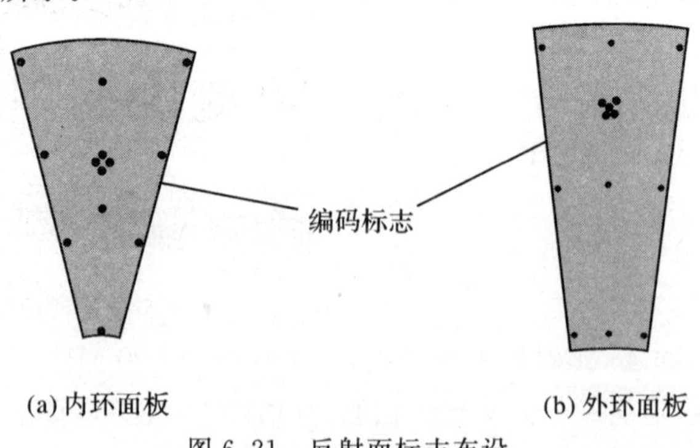

(a) 内环面板 (b) 外环面板

图 6.21 反射面标志布设

在天线中心体上打孔固定8个0°测量工装，用于在多次测量中确定统一的天线坐标系，如图6.22所示。

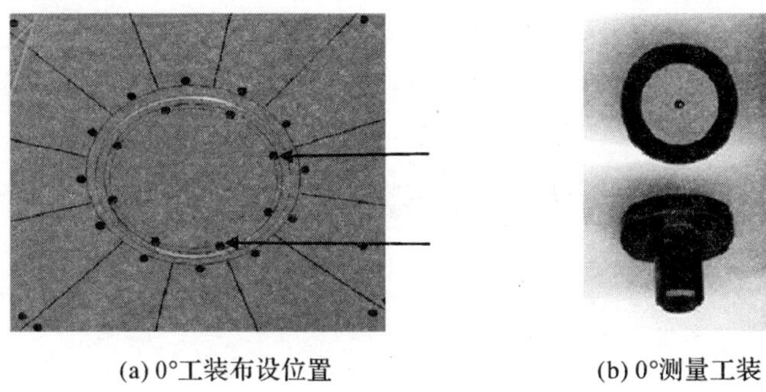

(a) 0°工装布设位置　　(b) 0°测量工装

图6.22　中心体上的8个0°测量工装

在焦平面阵列的上、下表面和内、外径均匀布设若干标志点和编码标志，用于确定焦平面阵列的位置和姿态，如图6.23所示。

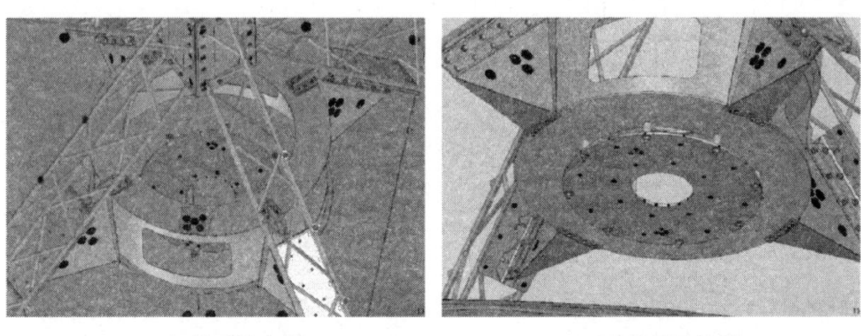

(a) 上表面及内径　　(b) 下表面及外径

图6.23　焦平面阵列标志布设

在4个馈源支撑体上各布设若干标志点和编码标志，用于连接焦平面阵列和反射面，如图6.24所示。

图6.24　馈源支撑体标志布设

在内环面板布设 AutoBar 和一根长度为 2 073.408 mm 的基准尺，如图 6.25 所示。

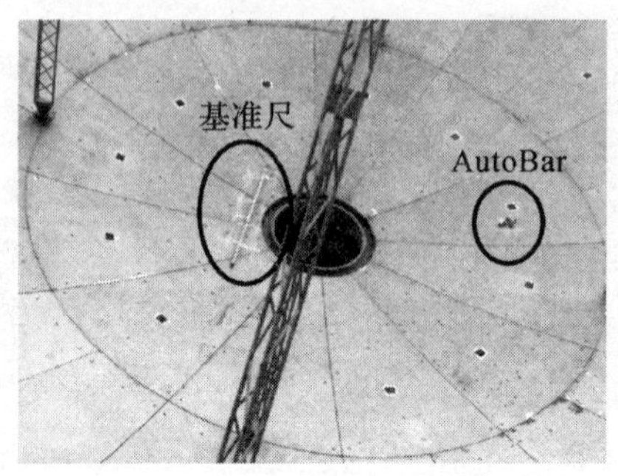

图 6.25 基准尺与定向靶布设

按照 FAT 要求，分别在 5 个工位进行测量。利用 INCA3 相机在吊车的吊篮内对天线面板、馈源支撑体及焦平面阵列等各部位进行拍摄，摄影距离约为 3～12 m(图 6.26)，每次测量拍摄约 200 张像片。

(a) 测量现场

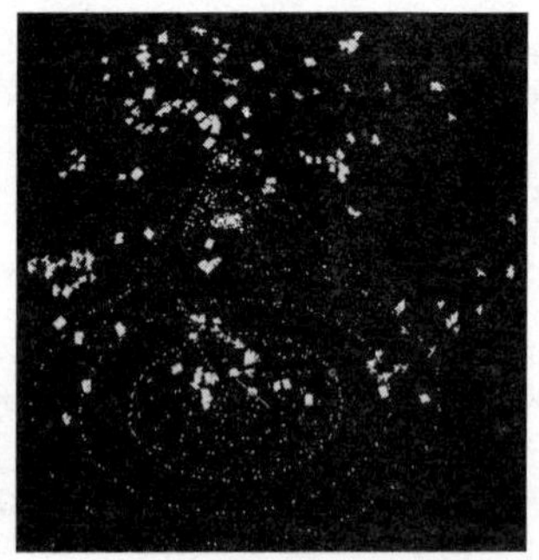

(b) 摄站分布图

图 6.26 摄站布设

3. 测量结果

天线各部位共布设约 600 个测量点、60 个编码标志。由于像片拍摄时间较长，测量数据未在现场处理，而分别采用 V-STARS 和 MetroIn-DPM 软件进行后处理，测量结果导入 MetroIn 软件进行后续分析。表 6.11 为测量点三维坐标的摄影测量精度估计值；表 6.12 为不同软件处理所得测量点坐标进行公共点转换的差值；表 6.13 为利用摄影测量数据分析得到的 FAT 测试结果。测量结果表明，天线面型及馈源姿态精度均达到设计指标，从而验证了数字工业摄影测量系统应用于天线工作状态下变形测量的高精度和可靠性。

表 6.11　测量点坐标精度估计

俯仰角/(°)	极化角/(°)	像片数量	软件	均值/mm			最大值/mm			像点坐标残差/mm
				X	Y	Z	X	Y	Z	
90	0	231	V	0.030	0.026	0.026	0.153	0.123	0.128	0.42
			M	0.024	0.021	0.020	0.129	0.125	0.097	0.30
45	0	215	V	0.035	0.030	0.032	0.070	0.076	0.069	0.63
			M	0.042	0.032	0.032	0.081	0.076	0.070	0.53
	45	193	V	0.044	0.034	0.034	0.084	0.184	0.171	0.59
			M	0.039	0.027	0.027	0.078	0.072	0.060	0.49
15	0	208	V	0.031	0.023	0.025	0.050	0.048	0.050	0.52
			M	0.025	0.020	0.021	0.058	0.164	0.093	0.34
	45	209	V	0.045	0.034	0.035	0.091	0.078	0.071	0.65
			M	0.042	0.032	0.032	0.081	0.076	0.070	0.53

表 6.12　V-STARS 与 MetroIn-DPM 处理结果公共点转换差值

俯仰角/(°)	极化角/(°)	X/mm	Y/mm	Z/mm	总/mm
90	0	0.052	0.054	0.046	0.088
45	0	0.058	0.054	0.050	0.093
	45	0.072	0.053	0.052	0.104
15	0	0.046	0.046	0.044	0.078
	45	0.051	0.037	0.041	0.075

表 6.13　FAT 测试结果

俯仰角/(°)	极化角/(°)	表面残差/mm	ΔF/mm	ε(x)/(″)	ε(y)/(″)	Δx/mm	Δy/mm	总指向误差/(″)	ΔRot/(″)
90	0	0.36	0	0	0	0	0	0	0
45	0	0.40	−2.49	81.5	89.2	2.37	−2.60	81.5	67.1
	45	0.40	−2.46	131.8	9.9	3.83	−0.29	131.8	161.0
15	0	0.41	−2.85	140.3	116.4	4.09	−3.39	140.3	107.0
	45	0.44	−3.80	168.2	61.8	4.90	−1.80	168.2	33.0

注：1. 表面残差指反射面测量点到最佳抛物面的偏差。
2. ΔF 指最佳抛物面焦点和 FPA 间的 $\varepsilon(y)$ 偏差，垂直于 FPA 表面测量，在锁定于反射体中心的坐标框架中，该值是最佳焦点和 FPA 平面间的 Z 轴偏差。
3. $\varepsilon(x)$、$\varepsilon(y)$ 为指向校正，是使平面波从标称的瞄准线方向停在 FPA 中心焦点上所必需的修正量。
4. Δx、Δy 指 FPA 中心和最佳焦点的偏差。
5. ΔRot 指 PFA 绕抛物面最佳对称轴的旋度。

6.4 本章小结

本章介绍 MetroIn-DPM 系统组成及其在天线测量工程中的应用实例，主要内容如下：

(1)介绍了基于本书研究内容开发的集成 MetroIn-DPM 系统组成及软件主要功能模块的特点。

(2)分析了摄影测量系统精度的评价指标和检验方法，通过实验检验了 INCA3、尼康 D2H 相机和 V-STARS、MetroIn-DPM 系统的测量精度。

(3)介绍了利用数字工业摄影测量技术指导天线安装、调整及检测的工程实例。

(4)介绍了利用数字工业摄影测量技术检测工作状态下的天线变形的工程应用实例。

参考文献

[1] LUHMA T,廖祥春. 1991. 实时综合量测系统在工业摄影测量中的应用[J]. 武测译文(4):19-23.

[2] WABON G,郑文革. 1990. 几种碳纤维的弹性系数和热膨胀系数[J]. 新型炭材料(1):32-34.

[3] 陈东雷,王清元,张天顺. 2007. CCD 传感器及其应用研究[J]. 传感器世界,13(7):22-26.

[4] 陈基伟. 2005. 工业测量数据拟合研究[D]. 上海:同济大学.

[5] 陈树越,路宏年,张丕壮,等. 2001. 科学级 CCD 相机像元不一致特性及其校正研究[J]. 兵工学报,22(2):226-229.

[6] 陈玉萍,苏博. 2009. 摄影测量中标记点编码与解码的方法[J]. 技术与创新管理,30(4):516-519.

[7] 程己农. 2007. 光电测距仪自动化检测系统的研究[D]. 西安:西安理工大学.

[8] 程开富. 2004. 一种新颖的 Foveon X3 CCD 图像传感器[J]. 电子元器件应用,6(11):24-27.

[9] 程效军. 2002. 数字近景摄影测量在工程中的应用研究[D]. 上海:同济大学.

[10] 程效军,杨世渝. 2002. 应用近景摄影测量检测大型工业设备变形[J]. 同济大学学报:自然科学版,30(11):1346-1349.

[11] 程远航. 2009. 基于 Zernike 矩的亚像素边缘检测算法[J]. 电脑编程技巧与维护(12):13-14.

[12] 崔晓斐,张平安. 2004. 无接触三维测量系统中标志点的设计与实现[J]. 深圳信息职业技术学院学报,2(2):19-22.

[13] 崔屹. 2000. 图象处理与分析——数学形态学方法及应用[M]. 北京:科学出版社.

[14] 董博彦. 2005. CMOS 图像传感器的测试与分析[D]. 天津:天津大学.

[15] 董会君,赵阳,李晓平,等. 2004. 浅谈我国逆反射材料现状及其发展趋势展望[J]. 中国安全科学学报,14(2):71-75.

[16] 董明利,齐晓娟,吕乃光,等. 2006. 利用编码和极线约束相结合的方法实现工业摄影测量中的点匹配[J]. 工具技术,40(4):73-75.

[17] 董岩. 2003. 数码相机数学模型与图像处理的研究[D]. 哈尔滨:哈尔滨工业大学.

[18] 范生宏. 2006. 工业数字摄影测量中人工标志的研究与应用[D]. 郑州:信息工程大学.

[19] 方晖,罗罡,赵鹏,等. 2001. 可用于数码相机的新型波色器研究[J]. 仪器仪表学报,22(3):277-281.

[20] 冯其强. 2007. 数字工业摄影测量中的标志点匹配和自检校光束法平差快速解算[D]. 郑州:信息工程大学.

[21] 冯其强,李广云,黄桂平. 2008a. 数字工业摄影测量中的单像空间后方交会[J]. 测绘通报(6):4-6.

[22] 冯其强,李广云,黄桂平. 2008b. 基于自动定向棒和编码标志的像片概略定向[J]. 红外与

激光工程，37(S1)：132-136.
[23] 冯其强，李广云，黄桂平. 2009. 基于双相机的动态测量技术研究[J]. 测绘科学. 34(2)：70-71.
[24] 冯其强，李广云，李宗春. 2008c. 基于点松弛法的自检校光束法平差快速计算[J]. 测绘科学技术学报，25(4)：300-302.
[25] 冯文灏. 1993. 回光反射标志的性能与使用[J]. 测绘通报(4)：12-14.
[26] 冯文灏. 1994. 关于发展我国高精度工业摄影测量的几个问题[J]. 测绘学报，23(2)：120-126.
[27] 冯文灏. 2000. V-STARS 型工业摄像测量系统介绍[J]. 测绘信息与工程(4)：42-47.
[28] 冯文灏. 2000. 近景摄影测量的基本技术提要[J]. 测绘科学，25(4)：26-30.
[29] 冯文灏. 2001a. 近景摄影测量[M]. 武汉：武汉大学出版社.
[30] 冯文灏. 2001b. 工业测量方法及其选用的基本原则[J]. 武汉大学学报：信息科学版，26(4)：331-336.
[31] 冯文灏，李欣. 2000. 近景摄影测量的标志与坐标传递件[J]. 测绘信息与工程(3)：20-24.
[32] 冯文灏，商浩亮，侯文广. 2006. 影像的数字畸变模型[J]. 武汉大学学报：信息科学版，31(2)：99-103.
[33] 葛玥. 2005. 高科技安全材料——反光材料[J]. 中国个体防护装备(5)：40-41.
[34] 郭志宏，熊盛青，周坚鑫，等. 2008. 航空重力重复线测试数据质量评价方法研究[J]. 地球物理学报，51(5)：1538-1543.
[35] 韩振雷. 2009. CCD 和 CMOS 图像传感器的异同剖析[J]. 影像技术，21(4)：39-42.
[36] 何晓蓉，张晓强. 2002. 精密殷钢模具制造工艺技术[J]. 通信与测控，26(4)：36-40.
[37] 何秀国，武吉军，高何利. 2007. Lensphoto 摄影测量系统在水布垭溢洪道中的应用[J]. 人民长江，38(10)：28-29.
[38] 侯韶东. 2005. 反光膜国家标准与产品现状及应用分析[J]. 山西建筑，31(9)：126-127.
[39] 胡小北. 2007. 力丰举行 AICON 测量系统介绍研讨会[J]. 模具工程(9)：41-41.
[40] 黄桂平. 2005. 数字近景摄影测量关键技术研究与应用[D]. 天津：天津大学.
[41] 黄桂平，范生宏，钦桂勤，等. 2008. 大型星载网状天线型面检测技术与工程实践[J]. 红外与激光工程(S1)：124-127.
[42] 黄桂平，钦桂勤，卢成静. 2009. 数字近景摄影大尺寸三坐标测量系统 V-STARS 的测试与应用[J]. 宇航计测技术(2)：5-9.
[43] 黄桂平，毋新房. 2002. 经纬仪大尺寸三坐标测量系统 Metroln 用于长河闸门的安装与检测[J]. 计量技术(10)：8-12.
[44] 黄桂平，毋新房. 2003. 经纬仪大尺寸三坐标测量系统 MetroIn 的安装检测实例[J]. 水利电力机械，25(2)：14-18.
[45] 黄桂平，叶声华，李广云，等. 2002. 经纬仪大尺寸柔性三坐标测量系统的开发与应用[J]. 仪器仪表学报(z2)：607-610.
[46] 江川贵. 2005. 基于 CCD 和 CMOS 图像传感技术的机器视觉系统设计与研究[D]. 北京：北京邮电大学.

[47] 蒋若愚,邢渊.2005.投影光测量原理与算法实现及在模具领域中的应用[J].模具技术(3):52-54.

[48] 焦明东,郑文华,刘尚国,等.2009.Axyz/MTM 测量系统在开采沉陷实验模型研究中的应用[J].矿山测量(3):34-35.

[49] 杰瑞.2005.CCD 与 CMOS 传感器的比较[J].电器评介(5):12-13.

[50] 靳志光,卫建东,汤廷松,等.2008.摄影全站系统及其精度评定[J].海洋测绘,28(4):76-78.

[51] 景冬,郑文华,刘尚国,等.2007.三维工业测量系统与工业摄影测量相结合在动态工业测量中的应用[J].测绘科学,32(3):173-174.

[52] 雷琳,陈涛,李智勇,等.2008.全局仿射变换条件下图像不变量提取新方法[J].国防科技大学学报,30(4):64-70.

[53] 李大成,梁晋,肖振中,等.2009.汽车模具泡沫实型的三维光学快速检测研究[J].锻压技术,34(3):124-127.

[54] 李德仁,袁修孝.2002.误差处理与可靠性理论[M].武汉:武汉大学出版社.

[55] 李广云.2003.非正交系坐标测量系统原理及进展[J].测绘信息与工程,28(1):4-10.

[56] 李耀东,黄成祥,陆云龙,等.2004.基于 CAD 模型的自由曲面检测方法[J].四川大学学报:工程科学版,36(1):90-93.

[57] 李云飞,司国良,郭永飞.2005.科学级 CCD 相机的噪声分析及处理技术[J].光学精密工程(z1):158-163.

[58] 李宗春,李广云,汤廷松,等.2003a.某大型钢结构的精密几何检测[J].钢结构,18(3):9-11.

[59] 李宗春,李广云,汤廷松,等.2005.电子经纬仪交会测量系统在大型天线精密安装测量中的应用[J].海洋测绘,25(1):26-30.

[60] 李宗春,李广云,吴晓平.2003b.天线反射面精度测量技术述评[J].测绘通报(6):16-19.

[61] 梁晋,肖振中,刘建伟,等.2009.大型飞机三维光学快速测量建模关键技术研究[J].中国机械工程,10(6):648-651.

[62] 廖祥春,冯文灏.1999.圆形标志及其椭圆构像中心偏差的确定[J].武汉测绘科技大学学报,24(3):235-239.

[63] 刘尚国,郑文华,孙佳龙,等.2006.关于 Axyz/MTM 工业测量系统在 3 维测量车传感器位置检测中的应用[J].测绘通报(9):62-64.

[64] 刘亚威.2003.空间矩亚像素图像测量算法的研究[D].重庆:重庆大学.

[65] 刘兆甲,张文明,焦万才.2007.基于 OpenCV 的焊缝图像边缘检测方法[J].电焊机,37(5):67-68.

[66] 卢成静.2008.卫星天线热真空变形测量中工业数字摄影测量技术研究与应用[D].郑州:解放军信息工程大学.

[67] 卢成静,黄桂平,李广云.2007.数字摄影测量用于天线热变形测量的精度测试[J].测绘通报(7):5-7.

[68] 卢成静,黄桂平,李广云,等.2008a.一种实现工业数字摄影测量自动化的方法[J].测绘

科学技术学报,25(3):228-230.

[69] 卢成静,钦桂勤,王保丰,等.2008b.基于形态学的人工标志中心亚像素定位方法研究[J].光学技术,34(3):455-457.

[70] 马俊婷.2001.科学级CCD数码相机的研究与开发[D].太原:华北工学院.

[71] 马俊婷,李仰军,郝晓剑.2001.科学级CCD相机的噪声分析和信号处理[J].华北工学院学报,22(2):83-86.

[72] 马颂德,张正友.1998.计算机视觉:计算理论与算法基础[M].北京:科学出版社.

[73] 马扬飚,钟约先,戴小林.2006a.基于编码标志点的数码相机三维测量与重构[J].光学技术,32(6):865-868.

[74] 马扬飚,钟约先,郑聆,等.2006b.三维数据拼接中编码标志点的设计与检测[J].清华大学学报:自然科学版,46(2):169-171.

[75] 钱元凯.2007.摄影光学与镜头[M].杭州:浙江摄影出版社.

[76] 乔瑞亭,孙和利,李欣.2008.摄影与空中摄影[M].武汉:武汉大学出版社.

[77] 邵锡惠.1991.军事工程摄影测量[M].北京:解放军出版社.

[78] 苏文英.2006.反光膜逆反射性能综述[J].交通标准化(11):62-65.

[79] 隋桂芝,王树杰,刘文霞.2006.逆向工程软件在曲面建模技术中的综合应用[J].现代制造工程(12):52-54.

[80] 隋立芬,宋力杰.2004.误差理论与测量平差基础[M].北京:解放军出版社.

[81] 汤廷松,陈继华,吴凤娟,等.2009.动态测量系统中时间同步问题研究与实践[J].海洋测绘,29(1):13-17.

[82] 田涛,邓兵,潘俊民.2001.基于景物散焦图像的距离测量[J].计算机研究与发展,38(2):176-180.

[83] 王保丰.2004.计算机视觉工业测量系统的建立与标定[D].郑州:解放军信息工程大学.

[84] 王保丰.2007.航天器交会对接和月球车导航中视觉测量关键技术研究与应用[D].郑州:解放军信息工程大学.

[85] 王保丰,范生宏,黄桂平,等.2006a.计算机视觉中基于多照片的同名点自动匹配[J].测绘科学技术学报.23(6):451-453.

[86] 王保丰,李广云,李宗春,等.2006b.应用摄影测量技术检测大型天线工作状态的研究[J].中国电子科学研究院学报,1(5):435-439.

[87] 王保丰,李广云,李宗春,等.2007.高精度数字摄影测量技术在50m大型天线中的应用[J].测绘工程,16(1):42-46.

[88] 王超银.2007.利用编码法实现摄影测量中的点匹配[D].北京:北京机械工业学院.

[89] 王曼,叶正麟,陈作平,等.2007.基于数学形态学的编码标志点识别算法[J].计算机工程与应用,43(36):94-96.

[90] 王强,胡建平.2001.一种基于小波多尺度边缘分析的散焦测距方法[J].计算机科学,28(5):96-98.

[91] 王庆有.2007.光电传感器应用技术[M].北京:机械工业出版社.

[92] 王树刚,余新.2009.浅谈光电耦合器CCD和CMOS的区别[J].科技信息(14):311-311.

[93] 王之卓. 2007. 摄影测量原理[M]. 武汉:武汉大学出版社.
[94] 魏祥泉,李金宗,李冬冬. 2007. 基于不变特征的标志识别技术研究[J]. 光电工程,34(1):13-18.
[95] 吴纪国. 2005. 数字图像处理技术在几何量精密测量中的应用研究[D]. 绵阳:中国工程物理研究院.
[96] 吴心然,赵群飞,山元康裕. 2005. 基于小波的 Bayer 颜色滤波阵列上的插值[J]. 计算机工程与应用,41(26):64-65.
[97] 吴一戎,李广云,王保丰,等. 2005. 单台相机机载 InSAR 基线动态测量方法研究[J]. 电子与信息学报,27(6):999-1001.
[98] 吴志忠,钱曾波. 1992. 高精度工业摄影测量[J]. 测绘译丛(1):25-27.
[99] 肖永利,张琛,王志坤. 2001. 基于散焦图像的运动物体位移及姿态参数测量[J]. 测控技术,20(5):13-15.
[100] 肖振中,梁晋,唐正宗,等. 2009. 汽车大型模具实型的三维摄影测量检测[J]. 塑性工程学报,16(2):150-155.
[101] 徐青,吴寿虎,朱述龙,等. 2000. 近代摄影测量[M]. 北京:解放军出版社.
[102] 徐新华,王青,钱峥,等. 2009. 基于图像处理的铟钢尺自动检测系统[J]. 光学学报(6):1519-1522.
[103] 许英勋,丁浩,朱世根. 2006. 自由曲面反求工程关键技术[J]. 机械传动,30(3):32-34.
[104] 杨再华. 2008. 摄影测量的动态测量应用[J]. 电子机械工程,24(2):10-12.
[105] 姚芳兵,段震,张铃. 2004. 逆滤波器技术复原均匀散焦图像的探讨[J]. 微机发展,14(6):10-12.
[106] 姚吉利,孙亚廷,王树广. 2006. 基于罗德里格矩阵的数码像片直接定向的方法[J]. 山东理工大学学报,20(2):36-39.
[107] 姚吉利,张大富. 2005. 改进的空间后方交会直接解法[J]. 山东理工大学学报,19(2):6-9.
[108] 叶声华,秦树人. 2009. 现代测试计量技术及仪器的发展[J]. 中国测试,35(2):1-6.
[109] 佚名. 2006. 世界最大"望远镜"将于 7 年后在我国建成[J]. 科学中国人(12):126-126.
[110] 殷海荣,吕承珍,李阳,等. 2008. 零膨胀锂铝硅透明微晶玻璃的研究与应用现状[J]. 硅酸盐通报,27(3):537-541.
[111] 殷永凯,刘晓利,李阿蒙,等. 2008. 圆形标志点的亚像素定位及其应用[J]. 红外与激光工程(S1):47-50.
[112] 于思源,韩琦琦,马晶,等. 2007. 卫星光通信终端 CCD 成像光斑弥散圆尺寸选择[J]. 中国激光,34(1):69-73.
[113] 原玉磊,蒋理兴,张珂殊. 2009. 三维激光扫描技术在大型高温锻件测量中的应用研究[J]. 测绘通报(6):45-47.
[114] 臧克. 2007. 基于 Riegl 三维激光扫描仪扫描数据的初步研究[J]. 首都师范大学学报:自然科学版,28(1):77-82.
[115] 詹总谦,张祖勋,张剑清. 2007. 基于 LCD 平面格网和有限元内插模型的相机标定[J]. 武汉大学学报:信息科学版,32(5):394-397.

[116] 张德海,梁晋,唐正宗,等.2009.基于近景摄影测量和三维光学测量的大幅面测量新方法[J].中国机械工程,20(7):817-822.

[117] 张德海,梁晋,唐正宗,等.2009.大型复杂曲面产品近景工业摄影测量系统开发[J].光电工程,36(5):122-128.

[118] 张福民,曲兴华,叶声华.2008.大尺寸测量中多传感器的融合[J].光学精密工程,16(7):1236-1240.

[179] 张浩翼.2004.反向工程中三维光学测量系统的参考点设计及其图像处理和识别技术[D].上海:上海交通大学.

[120] 张胜利,殷海霞,刘强.2009.多基线数字近景摄影测量系统的应用分析[J].测绘技术装备(1):27-30.

[121] 张亚伟.2007.开创大尺寸精密测量领域新纪元——访挪威迈卓诺测量系统有限公司亚太地区业务总监翟高山先生[J].航空精密制造技术,43(6):23-24.

[122] 张义力,吴家升,王军杰.2005.结合 COMET 与 AICON 3D Studio 的数据获取方法在逆向工程中的应用研究[J].机械,32(6):10-12.

[123] 张祖勋,张剑清.1997.数字摄影测量学[M].武汉:武汉大学出版社.

[124] 章权兵,宫炎焱.2009.一种新的基于散焦图像的摄像机标定方法[J].计算机应用研究(2):760-762.

[125] 章毓晋.1999.图象处理和分析[M].北京:清华大学出版社.

[126] 赵刚.2006.数码影像的心脏——CMOS 深度解析(上)[J].照相机(11):40-41.

[127] 郑俊,郏继贵,叶声华.2004.三维坐标测量技术在汽车车身检测中的应用[J].工具技术,38(12):70-73.

[128] 钟金辉,彭茵荣,王万迎,等.2009.基于 Lucy 算法的散焦图像复原[J].微计算机信息(15):279-280.

[129] 周波,李东辉,聂楠楠.2009.摄影测量中一种新的编码点识别和提取算法[J].自动化与仪器仪表(2):75-77.

[130] 周玲,张丽艳,郑建冬,等.2007.近景摄影测量中标记点的自动检测[J].应用科学学报,25(3):288-294.

[131] 周胜利.2009.CCD 与 CMOS 传感器对比研究及发展趋势[J].大众科技(5):92-93.

[132] 周晓刚,吕乃光,邓文怡,等.2002.基于编码方法实现立体视觉中图像的点匹配[J].北京机械工业学院学报,17(4):26-29.

[133] 周雪晖.2006.反光材料的类别与应用[J].中国个体防护装备(6):19-20.

[134] 朱德祥,朱维宗.2007.高等几何[M].北京:高等教育出版社.

[135] 朱文白,朱丽春.2002.500 米口径球面射电望远镜——FAST[J].天文爱好者(6):10-11.

[136] 朱治高,李青,侯志刚.2005.CCD 工作原理介绍[J].办公设备技术与信息(1):24-26.

[137] 郏继贵,王鑫,王大为,等.2007.光学坐标测量系统技术研究[J].传感技术学报,20(4):778-780.

[138] 郏继贵,叶声华.2005.基于近景数字摄影的坐标精密测量关键技术研究[J].计量学报,

26(3):207-211.

[139] 庄俊明. 1989. 工业摄影测量在造船中的应用[J]. 造船技术(10):24-31.

[140] ANCHINI R, BERALDIN J, LIGUORI C. 2007. Subpixel location of discrete target images in close-range camera calibration: a novel approach[J]. SPIE, 6491 (Videometrics IX): 649110-649110-8.

[141] AHN S J, WARNECKE H J, KOTOWSKI R. 1999. Systematic geometric image measurement errors of circular object targets: mathematical formulation and correction [J]. Photogrammetric Record, 16(93):485-502.

[142] ARIYAWANSA D D A P, CLARKE T A. 1997. High speed correspondence for object recognition and tracking[J]. SPIE, 3174(Videometrics V):70-79.

[143] BERALDIN J A. 2004. Integration of laser scanning and close-range photogrammetry-the last decade and beyond[J]. IAPRS & SIS, 35(B7):972-983.

[144] BEHRING D, THESING J, BECKER H, et al. 2003. Optical coordinate measuring techniques for the determination and visualization of 3D displacements in crash investigations[J]. Society of Automotive Engineers(1773):225-231.

[145] BROWN D C. 1971. Close-range camera calibration[J]. Photogrammetric Engineering and Remote Sensing, 37(8):855-866.

[146] CANNY J. 1983. A Cmputational approach to edge detection[J]. IEEE Transactions on Pattern Analysis and Machine Intelligence, 8(6):679-698.

[147] CHEN J, CALRK T A, ROBSON S. 1994. Alternative to the epipolar line method for automatic target matching in multiple images 3D measurement[J]. SPIE, 2252:197-204.

[148] CLARKE T A. 1994. An analysis of the properties of targets used in digital close range photogrammetric measurement[J]. SPIE, 2350(Videometrics III):251-262.

[149] CLARKE T A, GOOCH R M, ARIYAWANSA D D A P, et al. 1997. 3D-net-the development of a new real-time photogrammetric system[J]. SPIE, 3174 (Videometrics V):222-233.

[150] CLARKE T A, WANG X. 1998. Extracting high precision information from CCD images [C]. Proc. ImechE Conf., London: City University.

[151] DOLD J. 1998. The role of a digital intelligent camera in automating industrial photogrammetry [J]. Photogrammetric Record, 16(92):199-212.

[152] FRASER C S. 1998. Some thoughts on the emergence of digital close range photogrammetry [J]. Photogrammetric Record, 16(91):37-50.

[153] FRASER C S. 2000. Developments in automated digital close-range photogrammetry. ASPRS 2000 Proceedings[C]. Washington, D. C: American Society for photogrammetry and Remote Sensing.

[154] FRASER C S, AL-AJLOUNI S. 2006. Zoom-dependent camera calibration in digital close-range photogrammetry[J]. Photogrammetric Engineering & Remote Sensing, 72(9): 1017-1026.

[155] GANCI G, HANDLEY H. 1998. Automation in videogrammetry[J]. IAPRS, 32(5): 53-58.

[156] GLODSMITH P. 2001. Resetting the arecibo primary reflector surface[J]. The Arecibo Observatory Newsletter(32):1-4.

[157] HAIG C, HEIPKE C, WIGGENHAGEN M. 2006. Lens inclination due to instable fixings detected and verified with vdi/vde 2634 part 1[J]. IAPRS, 6(Part 5):1-6.

[158] HASTEDT H, LUHMANN T, TECKLENBURG W. 2002. Image-variant interior orientation and sensor modelling of high quality digital cameras[J]. International Archives of Photogrammetry, Remote Sensing and Spatial Information Sciences, 34(5):27-32.

[159] HATTORI S, AKIMOTO K A, FRASER C S, et al. 2002. Automated procedures with coded targets in industrial vision metrology[J]. Photogrammetric Engineering and Remote Sensing, 68(5):441-446.

[160] IMOTO H, HATTORI S, AKIMOTO K, et al. 2004. Camera calibration technique by pan-closeup exposures for industrial vision metrology[J]. IAPRS, 34(30):1-4.

[161] JANCSO T. 2004. Gross error detection of control points with direct analytical method [J]. IAPRS, 35(B3/W3):678-683.

[162] KAVZOGLU T, KARSLI F. 2008. Calibration of a digital sigle lens reflex(slr) camera using artificial neural networks[J]. IAPRS, 36(B5):27-32.

[163] LABE T, FORSTNER W. 2004. Geometric stability of low-cost digital consumer cameras: the XX ISPRS Congress[C]Istanbul: the Organising Committee of the XX ISPRS Congress.

[164] LABELLE R D, GARVEY S D. 1995. Introduction to high performance CCD cameras. 16th International Congress on Instrument in Acrospace Simulation Facilities[C]. Wright-Patterson AFB: IEEE.

[165] LI Xiaopeng. 1999. Photogrammetric investigation into low-resolution digital camera systems [D]. New Brunswick: the University of New Brunswick.

[166] LICHTI D D, CHAPMAN M. 1997. Constrained FEM self-calibration[J]. Photogrammetric Engineering & Remote Sensing, 63(9):1111-1119.

[167] LITWILLER D. 2001. CCD Vs. CMOS: facts and fiction[J]. Photonics Spectra, 35(1): 154-158.

[168] MULLIKIN J C, VLIET L J, NETTEN H, et al. 1994. Methods for CCD camera characterization[J]. SPIE, 2173:73-84.

[169] LUHMANN T, HASTEDT H, TECKLENBURG W. 2006. Modelling of chromatic aberration for high precision photogrammetry[J]. IAPRS, 36(part 5):173-178.

[170] OTEPKA J O, HANLEY H B, FRASER C S. 2002. Algorithm developments for automated off-line vision metrology[J]. IAPRS, XXXIV(part 5):60-67.

[171] OTEPKA J. 2004. Precision target mensuration in vision metrology[D]. Wien: Technische Universitat Wien.

[172] PEIPE J, REINKING J, SCHNEIDER C T. 2006. Photogrammetric 3-D digitizing for

deformation analysis-new developments and applications: 3rd IAG/12th FIG Symposium [C]. Baden: Vienna University of Technology.

[173] RIEKE-ZAPP D H, NEARING M. 2005. Digital close range photogrammetry for measurement of soil erosion[J]. The Photogrammetric Record, 20(109): 69-87.

[174] REMONDINO F, FRASER C S. 2006. Digital camera calibration methods: considerations and comparisons[J]. IAPRS, 36(5): 266-272.

[175] RIEKE-ZAPP D H, TECKLENBURG W, PEIPE J, et al. 2008, Performance evaluation of several high-quality digital cameras[J]. IAPRS, 37(B5): 7-12.

[176] ROBSON S, SHORTIS M R. 1998. Practical influences of geometric and radiometric image quality provided by different digital camera systems[J]. Photogrammetric Record, 16(92): 225-248.

[177] SHIMIZU H, AKASHI H. 2002. Evaluation of three dimensional coordinate measuring methods for production of ship hull blocks: the Twelfth (2002) International Offshore and Polar Engineering Conference[C]. Kitakyushu, Japan: The International Society of Offshore and Polar Engineers.

[178] SHORTIS M R, BURNER A W, SNOW W L, et al. 1991. Calibration tests of industrial and scientific CCD cameras: First Australian Photogrammetric Conference[C]. Sydney: University of New South Wales

[179] SHORTIS M R, BEYER H A. 1996. Sensor technology for digital photogrammetry and machine Vision[J]. Close range photogrammetry and machine vision(1996): 106-155.

[180] SHORTIS M R, BEYER H A. 1997. Calibration stability of the kodak DCS420 and 460 cameras[J]. Proc. SPIE, 3174(Videometrics V): 94-105.

[181] SHORTIS M R, CLARKE T A, ROBSON S. 1995a. Practical testing of the precision and accuracy of target image centring algorithms[J]. SPIE, 2598(Videometrics IV): 65-76.

[182] SHORTIS M R, CLARKE T A, SHORT T. 1994. A comparison of some techniques for the subpixel location of discrete target images[J]. SPIE, 2350(Videometrics III): 239-250.

[183] SHORTIS M R, ROBSON S, BEYER H A. 1998. Extended lens model calibration of digital still cameras[J]. IAPRS, 32(5): 159-164.

[184] SHORTIS M R, SNOW W L, GOAD W K. 1995b. Comparative geometric tests of industrial and scientific CCD cameras using plumb line and test range calibrations[J]. IAPRS, 30(5W1): 53-59.

[185] TECKLENBURG W, LUHMANN T, HASTEDT H. 2001. Camera modelling with image-variant parameters and finite elements[C]. Optical 3-D Measurement Techniques V, Heidelberg: Vienna University of Technology.

[186] UFFENKAMP V. 1993. State of the art of high precision industrial photogrammetry: Proceedings of the Third International Workshop on Accelerator Alignment[C]. Annecy, France: CERN.